7 Tipps zur Pilzsuche

von Moritz Schmid

1. **FRÜH AUFSTEHEN** Morgens genießt man das Erwachen der Natur und hat die besten Chancen auf unberührte Funde.

2. **PILZE MÖGEN ES LUFTIG** Am besten zur Suche einen Weidenkorb mitnehmen, um die Pilze nicht zu quetschen.

3. **MIT EINEM STOCK** kann man Spinnweben zwischen den Bäumen entfernen. Eine Cap oder Mütze schützt davor – und vor Zecken. Auch lange Hosen, die am besten in die Strümpfe gesteckt werden, machen es den Blutsaugern schwer.

4. **EIN PILZMESSER MIT BÜRSTE** mitnehmen und die Funde direkt an Ort und Stelle bestimmen und putzen – das erspart die Arbeit zu Hause und der Korb bleibt sauber.

5. **KLOPF- UND DRUCKTEST** bei Röhrlingen wie dem Steinpilz: Klingt er hohl und lässt sich eindrücken, ist er nicht mehr genießbar.

6. **PILZ VORSICHTIG RAUSDREHEN** – das ist wichtig für die Bestimmung, um alle Merkmale zu erkennen. Wenn man sich nicht sicher ist: lieber stehen lassen oder zum Pilzsachverständigen gehen.

7. **NACH DEM RAUSDREHEN** das Loch mit Erde oder Moos bedecken, damit das Pilzgeflecht (Myzel) nicht austrocknet.

FÜR DEN WALD, DER IMMER FÜR MICH DA IST.
FÜR DIE BÄUME, DIE MIR HALT GEBEN.
FÜR JEDEN PILZ, DER MIR KINDLICHES
STAUNEN UND PURE FREUDE SCHENKT.
FÜR ALL DIE GROSSARTIGEN MENSCHEN,
DIE ICH DURCH DIE GETEILTE LEIDENSCHAFT
FÜR PILZE KENNENLERNEN DURFTE.

DANKE!

MORITZ SCHMID

MUSHROOM FEVER

ÜBER DIE LIEBE ZU PILZEN UND WO DU SIE FINDEST

KOSMOS

INHALTSVERZEICHNIS

„AND INTO THE FOREST I GO,
TO LOSE MY MIND AND FIND MY SOUL“

——— JOHN MUIR

Pilze suchen und Glück finden

WIE PILZE DAS LEBEN BESSER MACHEN

Ich habe mein Herz verloren. An den Wald und an das Universum der Pilze. Pilze sammeln ist für mich ein Lebensgefühl. Pilze sind da, wenn sich mein Leben mal wieder zu schnell dreht. Sie erden und geben Halt. Sie beflügeln die Phantasie und inspirieren. Pilze lassen mich im Moment und gleichzeitig ganz bei mir sein. Sie sind weit mehr als Nahrung: Sie sind die heimlichen Herrscher der Erde. Sie connecten alles – auch mich. Im Wald kann ich mich treiben lassen und die Welt vergessen, während ich wieder ein Teil von ihr werde.

HAST DU SCHON mal drüber nachgedacht, was deine Superpower wäre? Durch Wände gehen, sich verwandeln, unsterblich sein, in der Tiefsee überleben? – Deiner Phantasie sind keine Grenzen gesetzt. Und jetzt stell dir vor, du hättest nicht nur eine dieser Superkräfte, sondern gleich mehrere. Du könntest sie nach Belieben kombinieren, dich ständig umentscheiden und dir je nach Situation die passendste aussuchen. Was für großartige Möglichkeiten sich da böten! Du wärst ein Superheld, der seine Arbeit im Untergrund verrichtet, kaum zu greifen ist und immer wieder neue Ideen ausheckt, um voranzukommen. So ähnlich machen das die Pilze, nur ganz real, gerade jetzt, an allen Orten dieser Welt.

EVERYTHING EVERYWHERE ALL AT ONCE

Es gibt sie nämlich fast überall und jederzeit. Während du diesen Text liest, atmest du Pilzsporen ein, besiedeln Pilze die Schleimhäute deines Mundraums und schaffen im Zusammenspiel mit anderen Mikroorganismen ein Gleichgewicht in deinem Darm und im gesamten Körper. Also, tief Luft holen, denn das war es noch lange nicht!

Pilze können so ziemlich alles, was du dir vorstellen kannst: radioaktiv verseuchte Böden reinigen, totes Holz in fruchtbare Erde verwandeln, Bäume ernähren oder auch töten. Doch nicht nur Bäume – sie können auch uns umbringen oder heilen, Stichwort Penizillin. Und ihre halluzinogenen Eigenschaften stehen im Verdacht, die Entstehung von Religionen begünstigt zu haben. Sie können im Weltraum überleben oder die Kontrolle über Tiere übernehmen und sie in „Zombies“ verwandeln.

Pilze sind Freund und Feind gleichermaßen. Einige werden uns retten und andere stellen eine Gefahr dar. Welche zu den Guten gehören und welche uns schaden könnten, beginnt die Wissenschaft erst langsam zu verstehen. Es gibt weltweit jedenfalls viel mehr verschiedene Pilze als Pflanzen. Pflanzen kommen auf circa 380 000 verschiedene Arten. Pilze bilden wie Flora und Fauna ihr eigenes Reich und Forscher schätzen, dass es rund zehnmal so viele Arten von Pilzen gibt wie Pflanzen – also circa 3,8 Millionen.

NETZWERKEN IM VERBORGENEN

Über Jahrmillionen hinweg haben sich Pilze weiterentwickelt. Diese lange „Erfahrung“ in der Existenzsicherung, ihre Anpassung, sich auf diesem Planeten auch unter widrigsten Umständen durchzukämpfen, verschafft ihnen einen immensen Vorteil. Sie haben eine Vielfalt an Strategien entwickelt, sich zu behaupten – die Zeit dazu hatten sie. Das versteckte Reich der Pilze, das alles miteinander verbindet, ist ein schönes Bild für das gesamte Netzwerk des Lebens überhaupt. Pilze sind die heimlichen Herrscher der Welt. Pilze sind Boss.

Je mehr ich mich in den letzten Jahren in der Natur aufgehalten und mich mit ihr beschäftigt habe, desto mehr habe ich für mich erkannt, dass wir lediglich ein winzig kleiner Teil eines großen Ganzen sind, eines überkomplexen Systems, von dem wir viele Zusammenhänge erst ansatzweise beginnen zu verstehen. Ich bin kein Biologe, überhaupt bin ich kein Wissenschaftler. Ich bin im besten Fall ein sehr interessierter Hobbymykologe. Und trotzdem bin ich mir sicher: Da ist eine Welt da draußen, eine ureigene, verborgene Welt, die so voller Geheimnisse, Verblüffung und Magie ist, dass ich mich ihrer Faszination nicht mehr entziehen kann.

Pilze geben mir die Gewissheit, dass alles verbunden ist, alles zu Einem wird, zum Nichts, zum Alles, zum großen Ganzen und zurück, und dass sich der Kreislauf des Lebens immer fortsetzt. Ob mit oder ohne uns Menschen.

AM ANFANG WAR DER PILZ

Es gibt Theorien, nach denen Pilze aus dem All stammen sollen. Sind Pilze vielleicht sogar Aliens?! Einige Stimmen behaupten, dass die Erde unfruchtbar gewesen sei, bevor Asteroiden aus dem All auf die Ober-

KORALLENPILZE nehmen oft verblüffende Formen an. Diese Rosaspitzige Koralle kommt zwar in Herzform daher, ist aber nicht essbar. Die meisten Arten dieser Gattung sind oftmals nur mithilfe eines Mikroskops bestimmbar. Sie sind relativ selten.

DER TOPF-TEUERLING (auch „Brotkorb"- oder „Vogelnestpilz") ist nur 0,5 bis 1 cm groß. Er ist ein Folgezersetzer. Dieser hier wächst in großer Zahl zuhause in meinem Garten.

fläche stürzten und Leben verbreiteten, indem sie Sporen von Pilzen aus dem All mitbrachten (Panspermie-Hypothese).

Das mag nach abstruser Spinnerei klingen, fest steht allerdings, dass bisher kein Wissenschaftler vollumfänglich erklären kann, was für die ganze Kettenreaktion der Evolution eigentlich ausschlaggebend war. Es herrscht Einigkeit darüber, dass Pilze bei der Entstehung der Welt, wie wir sie kennen, eine entscheidende Rolle gespielt haben. Sie waren es, die den Weg der Pflanzen vom Wasser an Land bereitet haben. Als die Erde vor ungefähr einer Milliarde Jahren aus dem Präkambrium, einer langen Eiszeit, erwachte, bestand sie vor allem aus einer öden Landschaft aus Vulkangestein. Und hätte es nicht die Pilze – die evolutionsgeschichtlichen Wunderwerke – gegeben, würde sie wahrscheinlich heute noch so aussehen. Pilze waren in der Lage, Mineralien aus den Gesteinen abzubauen und diese in fruchtbare Erde zu verwandeln. Dazu drangen sie mit ihren mikroskopisch kleinen Hyphen – ihren unterirdischen, fadenförmigen „Körpern" – in das Gestein ein. Sie bildeten Sporen, die Säure freisetzten, die die Oberfläche des Gesteins aufbrechen konnte und somit den Weg für die feinen Hyphen ebnete. So bohrten sich die Hyphen mit einem Druck, der hundertmal stärker als der eines Autoreifens ist, in das Gestein und zersetzten es. Durch diesen Prozess verwandelten Pilze Gestein in fruchtbaren Nährboden und ermöglichten so den ersten Pflanzen eine Existenz an Land.

UPGRADE DURCH NETWORKING

So verbündeten sich die Pilze früh mit Pflanzen, denn sie lebten bis dato nicht gerade in Saus und Braus: Sie verwerteten vor allem Bakterien und tote Meeresalgen, die an Land gespült wurden. Das Bündnis mit Pflanzen versprach einen sehr viel schnelleren und müheloseren Zugang zu Nahrung. So kam es zu einem Deal, denn „Teamwork makes the dream work"!

Die Wurzeln fast aller Pflanzen stehen mit Pilzen in engem Kontakt. Diese Verbindung nennt man Mykorrhiza. Hier findet der für beide lebenswichtige Nährstoffaustausch statt. Dabei gibt es zwei Formen der Mykorrhiza: Die Endo- und die Ektomykorrhiza. Bei Ersterer dringen die nur 2 bis 100 Mikrometer dicken Hyphen in die Wurzelzellen der Pflanze ein und schieben sich zwischen die Zellen. Bei der Ektomykorrhiza ummantelt das Myzel die äußere Schicht der Wurzel, dringt aber nicht in die Zellen ein, sondern bildet ein Netzwerk im Extrazellulärraum. Die Pilze versorgen die Pflanzen in beiden Fällen mit Wasser und Mineralien und erhalten im Gegenzug Zucker. Ökonomisch eine sehr kluge Strategie, denn selbst Enzyme zu entwickeln, die Nahrung aufnehmen und verdauen können, wäre sehr viel aufwändiger. Das Ganze ist also eine Win-win-Situation für beide Seiten. So ziemlich jeder Baum hat übrigens einen dazugehörigen Pilz. Ohne Pilze keine Bäume und andersherum, ganz einfach.

Wo aber die Sporen der ersten Pilze herkamen, das weiß niemand so recht. Ist das nicht wunderbar? Der Ursprung des Lebens auf der Erde – nach wie vor unklar. Was war zuerst da, die Henne oder das Ei? Pilze waren auf jeden Fall seit jeher mit von der Partie und haben die Grundlagen für jegliches Leben gelegt. Vielleicht faszinieren mich Pilze auch gerade deswegen, weil sie eines der letzten Mysterien dieser Welt bieten – und ein Universum voller ungelöster Fragen darstellen.

Selbst die profiliertesten Pilzforscher können viele Fragen noch immer nicht beantworten. Erst schätzungsweise sechs Prozent der weltweit vorkommenden Funga hat einen Namen, geschweige denn dass diese Arten komplett erforscht wären. Was für eine Gelegenheit, was für ein Spielplatz der unendlichen Möglichkeiten!

WAS WIR WISSEN

Wir haben bereits gelernt, dass die Pilze, von denen hier die Rede sein wird, mehrzellige Organismen sind, die aus langgestreckten, fadenartigen Zellverbünden, den sogenannten „Hyphen" bestehen. Sie müssen

Materie verstoffwechseln, um an Energie zu kommen, und sind nicht wie Pflanzen in der Lage zur Photosynthese.

So haben sich bei den Pilzen drei große Ernährungsstrategien durchgesetzt: die Mykorrhiza, die parasitäre und die zersetzende Lebensweise.

Mykorrhiza nennt man die Symbiose zwischen Pflazen und Pilzen. Es kommt zu einem Nahrungsaustausch. Vereinfacht gesagt liefern Pilze den Pflanzen Mineralstoffe, vor allem Stickstoff und Phosphor, sowie Wasser und bekommen im Austausch von der Pflanze Kohlenhydrate (Zucker), Vitamine sowie Substanzen, die ihr Wachstum anregen. Beide Seiten profitieren von diesem Zusammenschluss. Bekannte Vertreter der Mykorrhiza-Pilze sind beispielsweise der Gemeine Birkenpilz *(Leccinum scabrum)* oder der Fichtensteinpilz *(Boletus edulis)*. Die Namen verraten hier bereits die Symbiosepartner.

Parasiten hingegen sind die Gangster unter den Pilzen. Sie befallen andere Organismen und beziehen ihren Energiebedarf aus lebendiger Materie. Sie „bedienen" sich quasi an anderen Organismen. Die Krause Glucke *(Sparassis crispa)*, der Schwefelporling *(Laetiporus sulphureus)* oder der Hallimasch *(Armillaria)* gehören zu dieser ausbeuterischen Gang.

Zersetzer (Sapro- bzw. Xylobionten) sind die, die den ganzen Quatsch am Ende aufräumen dürfen. Sie sind in der Lage, hochkomplexe Verbindungen aus abgestorbener organischer Materie zu zersetzen und wieder für Kleinstlebewesen und Pflanzen verfügbar zu machen. Zu diesem Aufräumtrupp gehören unter anderem der Birkenporling *(Piptoporus betulinus)*, Zunderschwamm *(Fomes fomentarius)* oder der beliebte Parasol *(Macrolepiota procera)*.

Schätzungsweise über 90 Prozent aller Pflanzen und Bäume der Welt profitieren von der Zusammenarbeit mit Pilzen, der Mykorrhiza (übrigens altgriechisch „mykes" = Pilz und „rhiza" = Wurzel). Hierbei dockt der Pilz an die Wurzelspitzen an. Die Hyphen dringen in diese ein (Endomykorrhiza) oder umwickeln sie (Ektomykorrhiza) und verbinden sich, um als Verlängerung zu dienen und in viel feinere Erdschichten vorzudringen, als es die Wurzel allein könnte. Pilze können mit bestimmten Hormonen zusätzlich das Wachstum der Wurzeln aktiv begünstigen und in Richtungen steuern, in denen sie leckere Nährstoffe erahnen. Die Pilze steuern also den Baum in ihrem eigenen Interesse und helfen ihm dann, an die Delikatessen zu kommen, von denen sie wiederum profitieren. Sneaky!

Also, wenn Bäume mit der Hilfe von Pilzen Mykorrhiza-Gewebe bilden, wird aus ihren Wurzeln quasi eine Super-Wurzel. Diese kann in Folge viel mehr gutes Zeug aus dem Boden aufnehmen und ist zusätzlich sogar noch von den Pilzen vor Feinden geschützt, da die Hyphen als Bodyguards fungieren. Bei beiden Symbiosepartnern erhöht die Zusammenarbeit die jeweilige ökologische Potenz.

GUTE ZEITEN, SCHLECHTE ZEITEN

Allerdings ist die Mykorrhiza-Welt kein idyllischer Ort, denn hier wird nicht nur fair oder selbstlos getauscht, sondern auch ausgebeutet und übervorteilt: Mitunter gibt es einen regelrechten Kampf um knappe Ressourcen wie beispielsweise Stickstoff. In schlechten Zeiten geben manche Pflanzen über ihre Wurzeln giftige Stoffe in das Pilznetzwerk ab, die das Wachstum anderer Pflanzen hemmen. Das sichert der „unsozialen" Pflanze dann einen Vorteil und lässt ihr einen größeren Anteil an der begrenzten Ressource zukommen.

Pilze gestalten ihre Umgebung aktiv mit: Je mehr Mykorrhiza-Pilze im Boden walten, desto vielfältiger, gesünder und bunter ist die Pflanzenwelt an der Oberfläche. Sind Pilze also auch so etwas wie Landschaftsarchitekten, Gärtner, aktive Gestalter unserer Umwelt?

DIE SEHEN WAS, WAS DU NICHT SIEHST!

Ich bin der festen Überzeugung, dass Pilze sehr viel mehr wahrnehmen können und „verstehen", als wir eigentlich glauben. Wie ist es sonst zu erklären, dass zum Beispiel die

Heiderotkappe (eine Art der Gattung *Leccinum*, die in Symbiose mit Birken lebt) auch so aussieht wie eine Birke?! Sie hat einen Stiel, der an den Stamm des Baumes erinnert – weiße Grundfarbe mit schwarzen Flockenstrukturen – und dazu eine rote Kappe, die beim Suchen wirklich schwierig von den herbstlich gefärbten, orangeroten Blättern der Birke, auf dem Boden, zu unterscheiden ist. Sie hat genau den gleichen Farbton im Hut wie eben diese Blätter. Und wir glauben nicht an Wunder? Pilze haben doch weder Augen noch ein Gehirn!

Also, wie machen die das? Antwort: Mit ihren Hyphen, den Alleskönnern und fast unsichtbaren Superheroes.

Was wir als Pilze bezeichnen, sind eigentlich nur die Fruchtkörper, die Sexualorgane, die die Sporen verbreiten und sich ein paar seltene Male im Jahr zeigen. Sie bestehen genau wie das Myzel (der eigentliche Pilz) aus Hyphen. Pilze können ihre Hyphen in jede beliebige Richtung wachsen lassen und damit die Wuchsrichtung ihres Myzels aktiv steuern, ohne dass es ein zentrales Organ zu geben scheint, das die Richtung bestimmt, Pilze haben ja weder Kopf noch Gehirn. Jede Hyphe wägt im Einzelnen Gefahren ab und trifft ständig – individuell, aber im Kollektiv – Entscheidungen für das große Ganze. Die Hyphen des Myzels steuern aber nicht nur den Organismus selbst, irgendwie steuern sie auch uns.

IMMER DER NASE NACH

Wie sie das tun? Über ihre Reize: Optik, Haptik, Geruch. Wer kann schon einem stattlichen Steinpilz *(Boletus)* oder einer wohlriechenden Krause Glucke *(Sparassis crispa)* widerstehen? Die Pilze wissen ganz genau, wie sie uns in ihren Bann ziehen und welche Superpower sie zum Einsatz bringen müssen.

Trüffeln (Gattung *Tuber*) beispielsweise lassen so intensive Geruchsstoffe austreten, dass man sie riechen kann, obwohl sie oft tief unter der Erdoberfläche wachsen. Sie wollen gefunden werden, um ihr Überleben zu sichern, sie wollen, dass ihre Sporen verbreitet werden. Dafür müssen sie aufgespürt, transportiert und gegessen werden. Im Idealfall von Tieren, die ihr Geschäft im Wald verrichten (nicht von einem Superreichen in einem Luxusrestaurant in Dubai, aber sei's drum).

Stell dir mal vor, wie viele Menschen tagtäglich Pilze durch die Gegend schicken! Riesige Logistik-Apparate werden in Bewegung gesetzt, um den von einem Sammler in der Stille des Waldes gefundenen Trüffel innerhalb weniger Stunden irgendwohin in die Welt auszuliefern!

Im Herbst finden Massenwanderungen in Mitteleuropa statt, um Fruchtkörper von Pilzen zu sammeln und als Delikatesse zu verspeisen. Dabei nutzen die Pilze uns Menschen zur Fortpflanzung, denn schon der Transport vom Fundort nach Hause in einem Korb sorgt für Sporenverbreitung. Wir merken gar nicht, dass uns die Pilze eigentlich instrumentalisieren, wenn wir sammeln gehen. Ziemlich gewieft!

GONE WITH THE WIND

Das alljährliche Sammel- und Sporenverbreitungsspektakel ist vielleicht auch einer der Gründe, warum Pilze oft an Wegesrändern wachsen – und nicht nur tief im Wald, wo viele sie vermuten. Außerdem bilden Pilze ihre Fruchtkörper immer am Ende des Myzels aus. Das heißt, wenn sie merken, dass das Wachstum eine Begrenzung hat – zum Beispiel durch eine Straße mit Asphaltdecke und verdichtetem Boden – nutzen sie erneut eine ihrer Superpowers: Sie fruktifizieren und lassen genau dort ihre Sporen hinaus, wo der Wind sie an einen anderen Ort tragen kann – in diesem Falle auf die andere Straßenseite.

Aus der Perspektive der Pilze sind wir also nicht viel schlauer als eine gewöhnliche Fliege. Die Stinkmorchel *(Phallus impudicus)* beispielsweise nutzt nämlich ähnliche Reize: Sie riecht so intensiv nach Aas, dass Fliegen angelockt werden. Diese kommen munter angesaust und lassen sich auf dem vermeintlich verwesenden Tier nieder, um ihre Eier abzulegen. Dabei bleiben die klebrigen Sporen an ihnen haften und werden so verbreitet. Der Pilz hat

durch dieses Täuschungsmanöver seine Fortpflanzung gesichert. Er ist ein Hochstapler, so einfach ist das.

DIE SCHÖNHEIT LIEGT IM AUGE DES BETRACHTERS

——— Pilze schaffen es aber nicht nur über den Geruch, Sporen-Spediteure zu aktivieren – ich selbst bin wohl das beste Beispiel dafür: Finde ich optisch besonders ansprechende Pilze, muss ich diese einfach mitnehmen. Dabei ist es mir dann auch herzlich egal, ob sie giftig oder essbar sind, allein die Optik zählt. Um möglichst bunte und vielfältige Flatlays zu kreieren, bediene ich mich dann schon mal stark giftiger Vertreter: Der Blutblättrige Hautkopf *(Cortinarius semisanguineus)* beispielsweise hat weinrote Lamellen, die im Licht auch noch rot changieren, der Bocksdickfuß *(Cortinaius camphoratus)* stinkt nach Ziegenbock aber besänftigt mich mit dem zarten Lila seiner Fruchtkörper, so dass auch er mal mit aufs Bild darf, und die Zinnobertramete *(Pycnoporus cinnabarinus)* leuchtet mich in knalligem Orange an. Wie soll ich daran bitte vorbeigehen?!

——— Und sowieso: Sind diese Pilze es nicht wert, mitgenommen zu werden und das Leben bunter zu machen? Ich kriege regelmäßig Anfeindungen auf Social Media, wenn solche Pilze in einem Bild auftauchen. Nach dem Motto: „Spinnst Du?“ „Die sind giftig!“ „Was soll das, wieso reißt Du die Pilze aus dem Boden?“ … Ich mache da ehrlich gesagt keinen Unterschied. Der Zweck heiligt die Mittel. Wenn mir ein Pilz begegnet, dann hat das schon seinen Sinn und soll vielleicht so sein, ob essbar oder nicht. Auch sind manche Pilze richtige Trophäen, weil man sie selten finden kann. Und: Giftpilze wollen ihre Sporen auch verbreiten, also free the Spores and spread the Love, man muss sich ja nicht alles gleich in den Mund stecken.

——— An dieser Stelle sei übrigens kurz erwähnt, dass ich die giftigen Exemplare nach Fertigstellung meiner Kunst wieder in den Wald bringe, wo sie in Ruhe aussporen können und größere Chancen haben, auf den richtigen Partner zu treffen, als bei mir im Studio. Pilze können sich davon abgesehen aber auch selbst ganz gut fortbewegen und manche sogar aktiv auf die Jagd gehen. Wenn sie Lust auf eine Abwechslung in ihrem Ernährungsplan haben oder es mal zu wenig zu zersetzen gibt, jagen beispielsweise Austernseitlinge *(Pleurotus ostreatus)* oder Schopftintlinge *(Coprinus comatus)* winzige Fadenwürmer, sogenannte Nematoden. Häh? Wie jetzt! Die sind doch viel schneller als so ein langsam wachsender Organismus, oder? Ja, aber auch hier haben die Pilze eine Superpower entwickelt.

KILLER INSTINCT

——— Diese Pilze können nämlich aktiv Gift-Tröpfchen produzieren, denen die Würmchen einfach nicht widerstehen können. Sie werden von den Botenstoffen angelockt. Kommen sie mit dem Gift in Berührung, werden sie gelähmt und anschließend vom Pilz verdaut. Pilze nehmen ihre Nahrung nicht auf und verdauen sie im Inneren. Sie schieben vielmehr ihre Hyphen in das Substrat und verdauen es von innen beginnend nach außen. Abgefahren, oder?! Die Verdauung funktioniert bei Pilzen nach einem ähnlichen Prinzip wie bei uns Menschen. Im menschlichen Dünndarm werden mithilfe von Enzymen Nährstoffe, insbesondere Eiweiße, aus der aufgenommenen Nahrung gelöst und durch die Darmwand aufgenommen. Dieser Prozess wird durch Zotten unterstützt, die die Oberfläche des Verdauungsorgans vergrößern, um so so viele lebenswichtige Stoffe wie möglich aufzunehmen. Viele Pilze erreichen einen ähnlichen Effekt, indem sie die Fläche ihres Verdauungsgewebes durch ihre oft kilometerlangen Hyphen vergrößern.

DETOXING THE WORLD

——— In diesen Hyphen speichern sie erhebliche Mengen Kohlenstoff, den sie in ihre Biomasse integrieren. Dies ist von Bedeutung, da die menschliche Industrie und die Verbrennung fossiler Brennstoffe jährlich etwa 37 Milliarden Tonnen Kohlendioxid freisetzen.

Ein großer Anteil des darin enthaltenen Kohlenstoffs wird von Pilzen aufgenommen und in ihren Myzelfäden gespeichert. Ohne Pilze würden wir also ganz andere Luft atmen. Darüber hinaus haben manche Pilze die bemerkenswerte Fähigkeit, in ihren Myzelien Giftstoffe und Schwermetalle wie Cadmium und Blei einzuschließen. Deshalb kann man sie auch zur Entgiftung und Dekontamination von verschmutzten Böden einsetzen. Sie durchwachsen das kontaminierte Erdreich, extrahieren die Schadstoffe und lagern sie in ihren Hyphen ein. Dadurch werden Qualität und Gesundheit des Bodens erheblich verbessert. Dieser Prozess der Sanierung und Entgiftung wird als Bioremediation bezeichnet. Es ist sogar möglich, dass Pilze Radioaktivität in kontaminierten Böden, wie in den Gebieten rund um Tschernobyl, abbauen.

——— Pilze sind somit die krassesten Klimaschützer überhaupt! Also noch eine Superpower. Und die Liste ist noch lange nicht zu Ende:

DIE FÜNFTE DIMENSION

——— Pilze besitzen sogenannte Opsine, das sind lichtempfindliche Pigmente. Mit diesen Rezeptoren scannen Pilze ihre Umgebung und können neben dem gesamten Farbspektrum sogar Oberflächenstrukturen bis ins kleinste Detail wahrnehmen. Außerdem kommunizieren sie mit ihrem Symbiosepartner und können darüber hinaus elektrische Felder, Giftstoffe, Temperatur, im Boden enthaltene Nährstoffe etc. erkennen, und wahrscheinlich noch viel mehr, von dem wir noch gar keine Ahnung haben, weil uns dafür schlichtweg die Dimension fehlt. Apropos Dimension, beziehungsweise Science-Fiction: Pilze können auch richtig „zombiemäßig" unterwegs sein.

THE LIVING DEAD

——— Der *Ophiocordyceps unilateralis* ist ein Parasit, der Ameisen befällt, diese in Sklaven verwandelt und anschließend fernsteuert. Wie er in das zentrale Nervensystem eindringt, um die Kontrolle zu übernehmen, ist noch nicht ganz klar. Was aber passiert, ist so abgefahren, dass es sogar als Prämisse für die Zombie-Serie „The last of us" taugt. Wird eine am Boden lebende Ameise vom Pilz infiziert, dringen die Sporen in sie ein und übernehmen die Kontrolle über den Organismus. Der Pilz zwingt die Ameise, auf höher gelegene Äste zu klettern. Oben angekommen verbeißt sie sich in ein Blatt und verendet. Der Pilz bildet nun seine Fruchtkörper aus und lässt von oben seine Sporen herabrieseln, um weitere Insekten zu infizieren. Und so geht das ganze Spiel munter weiter – damit der Pilz überlebt, muss sich das Rad permanent drehen – und Ameisen müssen dabei sterben. Es bleibt abzuwarten, wann und ob der Mensch auch von solchen „Zombiepilzen" befallen werden kann. Bisher schützt uns vor allem der Umstand, dass wir eine Körpertemperatur haben, mit der die meisten Sporen nicht klarkommen. Was aber im Laufe der Evolution durch Klimabedingungen noch so passiert, steht wohl in den Sternen.

IT'S GETTING HOT IN HERE

——— Klar ist, dass durch die höheren Temperaturen einige Pilzarten bei uns aussterben werden. Andere passen sich bereits an und kommen mit höheren Temperaturen klar. So wandert beispielsweise der Ölbaumtrichterling *(Omphalotus olearius)*, von seiner eigentlichen Heimat im Mittelmeerraum seit einigen Jahren immer weiter nach Norden. Das ist insofern für uns problematisch, als dieser mit dem Pfifferling *(Cantharellus cibarius)*, einem eigentlich einfach zu bestimmenden Pilz, verwechselt werden kann. Der Ölbaumpilz ist sehr giftig. Durch die Klimaerwärmung sind wir also auf eine ganz neue Art bedroht, die sich nicht sofort jedem erschließt.

——— Also, auch wenn wir bisher das Glück hatten, nicht von Sporen befallen zu werden und zu Zombies zu mutieren, lauern die Gefahren überall. Manche Inhaltsstoffe von Pilzen sind so potent, dass sie damit die natürliche Selektion beeinflussen können. Es gibt Arten, die

DIE SCHMETTERLINGSTRAMETE begeistert mich immer wieder aufs Neue. Jeder Fruchtkörper ist andersfarbig bunt, von Blau über Grün bis Gelb und Rot kann so ziemlich alles enthalten sein. Bei näherem Hinschauen erschließt sich eine feinsamtige Oberfläche.

ERLEUCHTEND: Wer bereits frühmorgens im Wald ist, hat neben den besten Chancen auf gute Pilzfunde oft das Glück, Zeuge von spektakulären Sonnenaufgängen und magischen Momenten wie diesem zu werden, in dem der Tag gerade erst erwacht.

uns auf qualvollste Weise umbringen, ein paar Gramm genügen bereits. Beim grünen Knollenblätterpilz *(Amanita phalloides)*, so ziemlich der giftigste Pilz, der bei uns vorkommt, sorgen die enthaltenen Amatoxine dafür, dass sich unsere Organe nach dem Verzehr zersetzen – Yummie! Nach etwa zwei Wochen stirbt man dann an Multiorganversagen, und es gibt nichts, was diesen Prozess aufhalten könnte, wenn man den Pilz einmal verdaut hat.

ES BLEIBT NICHT UNGEFÄHRLICH

Amatoxine kommen übrigens nicht nur im grünen Knollenblätterpilz vor, sie sind auch in anderen Arten enthalten. Auch kommen verschiedenste Gifte in verschiedensten Pilzen vor, einige davon richtig fies tödlich. An anderen Pilzen und deren Wirkstoffen wiederum wird geforscht, weil es erste Anzeichen gibt, dass sie Krebs heilen oder zumindest eindämmen können. Es gibt Pilze, die stecken so voller Antioxidantien und komplexer Verbindungen, dass sie unser Immunsystem positiv beeinflussen und „boosten“ können. Sie wirken antiviral, antibakteriell, entzündungshemmend und immunstärkend. Das Wissen um diese Gaben der Natur erfährt seit einiger Zeit eine Renaissance, die Vitalpilzbranche boomt weltweit. Pilze waren aber schon immer Begleiter unserer Evolution. Nicht nur Ötzi, die Gletschermumie, hatte bereits Birkenporlinge *(Piptoporus betulinus)* als Medizin und Zunderschwamm *(Fomes fomentarius)* zum Feuermachen bei sich. Es gibt zahlreiche Belege für die jahrtausendealte Verwendung von Pilzen als Medizin in der Volksheilkunde oder zur Herstellung von Lebensmitteln – und das weltweit. Die traditionelle chinesische Medizin (TCM) arbeitet seit jeher mit Pilzen zur Behandlung von diversen Krankheiten, und in Südamerika zeugen Höhlenmalereien von ihrer Verwendung als Verbindung von Mensch und Natur auf spiritueller Ebene. Denn auch unseren Geist beflügeln einige Pilze seit Menschgedenken. Es gibt eine Theorie, die besagt, dass wir den Sprung zum reflektierten, denkenden Wesen nur mithilfe von „Magic Mushrooms“ geschafft haben.

DIE PFORTEN DER WAHRNEHMUNG

Die Stoned-Ape-Hypothese vom Ethnobotaniker und Mystiker Terence McKenna besagt, dass die rasante Entwicklung des menschlichen Bewusstseins vor zwei Millionen bis 300 000 Jahren v. Chr. möglicherweise durch den Konsum von Psilocybin-haltigen Pilzen beeinflusst wurde. Seine Theorie geht davon aus, dass unsere Vorfahren, als sie die Wälder Afrikas verließen und sich in offene Grasländer aufmachten, um dort Beutetiere zu jagen, auch deren Dung vorfanden, auf dem Pilze wuchsen. In diesem Dung gedeihen psilocybinhaltige Arten wie zum Beispiel *Psilocybe cubensis*. Es besteht also die Möglichkeit, dass unsere Vorfahren auf diese Pilze gestoßen sind – und sie gegessen haben. Dabei kam es zu bewusstseinserweiternden Erfahrungen.

Darauf gekommen ist McKenna der Legende nach übrigens wohl auch bei einem solchen Magic-Mushroom-Trip. Er war unter anderem „Bewusstseinsforscher“ und bereiste jahrelang den südamerikanischen Regewald, um dort Erfahrungen mit schamanischen Techniken und bewusstseinserweiternden Pflanzen und Pilzen zu sammeln.

Ursprünglich basierte seine Hypothese auf den gesammelten Erfahrungen dieser Pilz-Trips, die ihm eine erweiterte Wahrnehmung und Empathie ermöglichten. Bei der Einnahme von Psilocybin fühlt man sich tatsächlich sehr mit der Natur verbunden. Es soll schon vorgekommen sein, dass Leute „auf Pilzen“ stundenlang Grashalme oder Baumrinden angeschaut haben, um dabei die Welt zu spüren und zu erkennen, wie alles miteinander verbunden ist.

Moderne wissenschaftliche Erkenntnisse unterstützen dies. Es wird angenommen, dass Psilocybin die Neuroplastizität und Neurogenese erhöhen kann, was dem Gehirn erlaubt, neue Verbindungen zu bilden und alte zu überwinden. Solche Erfahrungen können also wirklich lifechanging sein. Diese Effekte könnten die Entwicklung des Menschen beschleunigt haben, indem sie Individuen, die „Zauberpilze“ konsumierten, einen evolutionären

Vorteil durch Weitblick verschafften. Durch schnellere Lernfähigkeiten und eine verbesserte Fähigkeit, abstrakt zu denken haben, sie möglicherweise eine höhere Chance auf Erfolg gehabt. Pilze könnten so auch die Entstehung von Religionen stark beeinflusst haben.

——— In manchen indigenen Kulturen werden halluzinogene Pilze seit jeher bei religiösen Zeremonien und Initiationsritualen verwendet. Diese Zeremonien führen zu tiefen spirituellen Erlebnissen, in denen Menschen in Kontakt mit dem „Göttlichen" oder dem „Übernatürlichen" treten. Man sieht auf einem Psilocybin-Trip einfach mehr Dimensionen als im normalen Leben und spürt die Verbundenheit aller noch so kleinen Komponenten im System Natur. Solche Erfahrungen könnten also die Grundlage für Glaubenssysteme und religiöse Praktiken gelegt haben.

PILZE SIND WAHRE MAGIER

——— Apropos Übernatürliches: Pilze haben sogar Einfluss auf das Wetter und können es regnen lassen! Hier sind die Sporen der Organismen beteiligt, die jährlich mit einem Gesamtgewicht von circa 50 Millionen Tonnen um die Welt fliegen. Sie gelangen bis in höhere Wolkenschichten und bieten als Kondensationspunkte eine Andockmöglichkeit für Luftfeuchtigkeit, welche sich dann als Regen oder Hagel auf die Erde ergießen kann. Es gibt also noch viel zu entdecken, ungelöste Rätsel zu erforschen und zu staunen. Pilze stecken voller Magie. Sie sind Zauberer. Sie zeigen uns Zusammenhänge auf, die wir uns niemals hätten vorstellen können, und verzaubern uns mit ihren unendlich schönen Formen und Farben. Sie sind im wahrsten Sinne des Wortes Phantasten, denn sie regen unsere Phantasie an, wenn wir bereit sind, uns darauf einzulassen.

SIE SIND SUPERHEROES, ALIENS, BOSS!

——— Mein Leben haben Pilze definitiv bereichert. Sie schenken mir immer und immer wieder Glücksmomente. Selbst nach über 30 Jahren des Sammelns freue ich mich über jeden Pilz, den ich finde, und ich freue mich über das, was das alles mit mir macht. Das kindliche Staunen, die Empfindung reinen Glückes – es gibt für mich nichts Schöneres. Da draußen gibt es also eine Quelle, an der man sich umsonst an Serotonin und Dopamin bedienen darf und jeden Tag etwas Neues lernen kann. Pilze beflügeln meine Phantasie und sind eine nicht versiegende Quelle der Inspiration. Sie laden zum Spielen ein, zum Ausprobieren, zum Kreativwerden.

——— Mir ist es dabei auch egal, ob das Sammeln nur der Nahrungsaufnahme dient oder dem Drang, sich auszudrücken. Wer einmal ein Bild aus Pilzen gelegt hat, weiß um die therapeutische Wirkung dieses Prozesses, und wer respektvoll sammelt, kleine und alte Fruchtkörper zum Fortbestand im Wald lässt und die hinterlassenen Löcher wieder schließt, damit das Myzel nicht austrocknet, macht nichts verkehrt. Den Pilzen ist es herzlich egal, was mit ihren Fruchtkörpern geschieht. Wer Sporen verbreitet, hilft Pilzen, sich zu verbreiten.

——— So ist die Welt der Pilze eine Welt voller Überraschungen, die es zu entdecken gibt. Und hier liegt es an jedem Einzelnen von uns, die Welt, in der wir leben, neu zu erkunden und wertzuschätzen.

——— Anstatt uns als die Krone der Schöpfung zu sehen, sollten wir uns als Teil der Natur begreifen und verstehen, dass wir in einem Netzwerk des Lebens eingebettet sind. Die Welt der Wunder ist nicht in fernen Galaxien zu finden, sie ist direkt vor unserer Haustür, unter unseren Füßen und über unseren Köpfen. Es ist Zeit, die Verbindung zur Natur wiederherzustellen. Denn vielleicht sind wir ja doch nicht so ignorant und unwissend, wie es manchmal den Anschein hat. Vielleicht haben wir einfach vergessen, wie man Wunder erkennt.

——— Wie sagte schon Albert Einstein: „Es gibt zwei Arten zu leben: Entweder so, als wäre nichts ein Wunder, oder so, als wäre alles ein Wunder." Ich entscheide mich für Letzteres. Und du? Ich lade dich dazu ein, mich ins Wunderland der Pilze zu begleiten. Es gibt noch so viel zu entdecken...

DAS ESELSOHR hat ein ziemlich cooles Feature: Als sei ein Bewegungsmelder integriert, gibt es bei Berührung seine Sporen ab und verbeitet diese in die Atmosphäre.

Die Ethik des Sammelns

DOS AND DON'TS UND WISSENSWERTES

Pilze zu bestimmen ist eine komplexe Angelegenheit, bei der viele Faktoren zu beachten sind. Bei aller Pilzmanie und Trophäenjagd ist es wichtig, nicht übermütig zu werden, denn das kann im schlimmsten Falle tödlich enden. Im Zweifel gilt: Pilze von einem Pilzsachverständigen checken lassen. Um den Durchblick bei der Vielzahl an Arten zu behalten, braucht man neben einem guten Bestimmungsbuch viel Erfahrung. Locker bleiben – die kommt mit der Zeit. Für den nächsten Ausflug in den Wald gibt es hier ein paar Tipps.

neu im „Pilzgame" bist, ist es ratsam, mit erfahrenen Sammlern loszuziehen oder an geführten Pilzwanderungen teilzunehmen. Der beste Lernprozess findet beim Vergleichen und Diskutieren statt, wenn Wissenshungrige sich mit alten Hasen austauschen. Es gibt auch Apps zur (zum Teil fotografischen) Pilzidentifikation. Teilweise sind diese gar nicht so schlecht. Ab einer Trefferquote von – sagen wir mal – 50 Prozent hat man immerhin einen Anhaltspunkt, wo man im Pilzbuch mal vergleichen könnte. Allerdings bin ich persönlich davon kein Fan. Apps ersetzen (noch?) nicht die Expertise von Fachleuten oder einer Pilzberatungsstelle. Ich würde sie höchstens als grobe Annäherungshilfe nutzen.

DAS „PILZGAME" – GEFAHREN ERNST NEHMEN

Ich kenne jemanden, der fast an Knollenblätterpilzen gestorben wäre, weil seine App diese als Täublinge – oder weiß der Henker was – ausgegeben hat. Er lag drei Wochen auf der Intensivstation und sein Leben hing am seidenen Faden. Es grenzt an ein Wunder, dass er überlebt hat. An dieser Stelle daher nochmal ein glasklarer Appell: Gebt euer Leben nicht in die Hände einer App, die durch Analyse eines Fotos durch einen Algorithmus eure Pilze bestimmt! Das kann mitunter tragisch enden.

DER BLICK FÜRS GROSSEGANZE

In meinen Augen sollte jeder Sammler einen Sinn für die Zusammenhänge und Kreisläufe der Natur haben. Wenn du dich mit Schätzen aus der Natur versorgst, ist es deine Pflicht, sie zu respektieren und mit Rücksicht zu behandeln. Dazu gehören Selbstverständlichkeiten, wie seinen Müll (auch keine Kippen!) nicht im Wald zu lassen. Unfassbar, was ich schon alles im Wald gefunden und aus ihm heraus getragen habe: alte Autoreifen, Sofas, Möbel, Klamotten und: Herzballons aus Plastik! Vor allem immer wieder Herzballons. Ich könnte durchdrehen bei so viel Herzballons und gleichzeitig so viel Doofheit. Ja, happy birthday to you too, asshole!

Ich meine, ist doch klar, dass diese Dinger irgendwann wieder vom Himmel runterkommen und irgendeinen schönen Ort mit ihrer nicht kompostierbaren Folie vermüllen. Also, Regel Nummer eins: Verschenke bitte keine Heliumballons aus Plastik oder Folie und lass sie losfliegen, niemand braucht das. Auch keine Konfettikanonen mit Plastikkonfettis oder -glitter. Wenn es sein muss, zünde die in deinem Wohnzimmer. Aber am besten gar nicht. Halte solchen Dreck auf jeden Fall fern vom Wald. Und warum nicht eine Mülltüte mit in den Wald nehmen und ihn als Gegenleistung für seine Gaben etwas von menschlichen Hinterlassenschaften entlasten?

Für mich gibt es neben dieser Selbstverständlichkeit einen Ehrenkodex, an den sich jeder halten sollte, und somit auch eine Ethik des Sammelns. Hier ist der gesunde Menschenverstand gefragt. Ansonsten gilt es, ein paar praktische Tipps zu beachten, um erfolgreich Pilze zu finden und weder dir noch dem Wald zu schaden.

GUT VORBREITET IN DIE PILZE

Vor allem in Süddeutschland sind Zecken nicht zu unterschätzen, viele tragen FSME- oder Borreliose-Erreger in sich. Vor einem Waldspaziergang ist es ratsam, sich mit einem Zeckenspray oder einem natürlichen Abwehrmittel wie beispielsweise Kümmelöl einzusprühen. Im Wald ist kein Platz für Eitelkeiten: Daher sollten Hosen in die Socken gesteckt werden, um das Eindringen von Krabbeltieren auf die Haut zu verhindern. Helle Kleidung erleichtert außerdem, die Viecher zu spotten und abzusammeln.

Robuste Hosen und feste, geschlossene Schuhe mit hohem Schaft bieten Schutz vor Dornen am Boden, insbesondere Brombeeren können sonst den Radius ziemlich einschränken. Eine Mütze schützt dich vor Ästen und Nadeln in den Haaren sowie Attacken von Hirschlausfliegen oder anderem Getier.

EIN SCHÖNES RITUAL um im Wald anzukommen und die Geschwindigkeit zu drosseln: Am Anfang jeder Sammeltour suche ich mir einen Stock, der mich begleitet. Ich nutze ihn um damit Laub umzudrehen oder Spinnennetze, die vor meinem Gesicht hängen, zu entfernen.

KLOPFTEST: Um zu checken, ob ein Fruchtkörper noch stabil ist, klopfe ich mit der flachen Hand auf den Hut. Durch den Klang erfahre ich, in welcher Verfassung sich der Pilz befindet.

—— Ein Stock schützt effektiv vor Spinnweben im Gesicht, in die man potenziell häufig hineinläuft, besonders im „Altweibersommer“. Daher ist es ratsam, zu Beginn der Pilzsuche nach einem geeigneten Exemplar Ausschau zu halten – für mich ist diese Suche immer ein schönes Ritual zum Eintauchen und Ankommen im Wald.

—— Bei jeder Tour sollte man Snacks und ein Getränk (am besten Wasser) dabeihaben, falls die Wanderung mal länger dauert und der kleine Hunger kommt, oder falls man sich verläuft und der Ausflug länger dauert, auch das kann schon mal vorkommen.

—— Bevor es zum anvisierten Spot losgeht, sollte man diesen kurz digital oder eben oldschool mit einer Landkarte anschauen: Wie sieht das Gebiet aus, wie groß ist es in etwa, welche Bäume sind zu erwarten, gibt es Unwegsamkeiten, steile Abhänge oder Sumpfgebiete, sowas halt. Das hat den Vorteil, dass man weiß, worauf man sich auf seiner Tour einlässt. Besonders bei Gruppenausflügen ist es sinnvoll, sich nach dem schwächsten Glied zu richten und keinen Hardcore-Parkour auszuwählen. Es empfiehlt sich außerdem, zu schauen, wo und wie man ehesten Hilfe rufen kann – sollte einem doch mal was zustoßen. Und schon ein umgeknickter Fuß und ein verletzter Knöchel können schnell zum ernsthaften Problem werden, wenn man weitab von anderen Menschen unterwegs ist.

NO-GO ZONEN

—— Sammeln in Naturschutzgebieten (oder in der Nähe von oder an Naturdenkmälern) ist tabu. Leider bekomme ich immer wieder mit, dass dieses Thema gerne von Pilzbegeisterten ignoriert wird. Ich finde aber, es hat mit Respekt gegenüber der Natur zu tun und man hat sich daran zu halten. Dabei geht es nicht in erster Linie um die Pilze, sondern um die ganze Biosphäre, Tiere und Pflanzen inkludiert. Es ist zwingend, dass man respektiert, dass es ein paar letzte Orte gibt, an denen der Mensch nicht seine eigenen Bedürfnisse gegenüber seinen Mitlebewesen durchsetzt. Das ist in Deutschland auch gesetzlich so geregelt. Wer in Naturschutzgebieten oder Nationalparks sammelt, riskiert zu Recht Geldstrafen.

—— In anderen Ländern gelten natürlich andere Sitten, auch das immer im Hinterkopf behalten, sollte man mal im Urlaub auf die Idee kommen, Pilze sammeln gehen zu wollen. Ich war mal in einer Region in Italien, wo beispielsweise nur an geraden Tagen des Monats gesammelt werden durfte, völlig crazy. In der Schweiz wird penibel auf die Höchstmenge von ein Kilo/Person/Tag geschaut, Kontrollen finden regelmäßig statt, da kann es dann richtig teuer werden, wenn man zu viel gesammelt hat. Es schadet also nicht in Erfahrung zu bringen, wie die Sammelhöchstmengen und Regeln für das Gebiet sind, in dem man sich aufhält.

—— Apropos: In Deutschland gilt als Sammelmenge die Handstraußregel. Jeder darf für den Eigenbedarf so viel sammeln, wie er mit beiden Händen tragen kann – oder je nach Bundesland ein oder zwei Kilo pro Person und Tag. Ob das kontrolliert wird, oder nicht: Diese Mengen sind manchmal sehr schnell erreicht. Daher: Nehmt nur knackige und schöne Pilze mit, Qualität vor Quantität. Riesige Steinpilzleichen oder Gammel-Maronen durch die Gegend zu schleppen bringt’s nicht – gerade auch nicht vor dem Hintergrund des Mengenlimits. Also, nicht inflationär sammeln. Klar, manchmal packt einen das Sammelfieber, die Pferde brennen mit einem durch, man rennt wie im Rausch durch den Wald und macht sich den Korb randvoll. Fair enough, habe ich auch schon alles gemacht. Solange man das Gesammelte am gleichen Tag verarbeiten kann und dafür sorgt, dass man nachhaltig erntet (also ohne Schäden zu hinterlassen), finde ich es persönlich nicht verwerflich. Mich nervt nur, wenn der größte „Müll“ mitgenommen wird, nur um damit anzugeben, was man alles Großartiges gefunden hat. Ganz junge und zu alte Exemplare werden stehen gelassen, um das Wachstum und die Sporenverbreitung zu fördern. Von Schädlingen befallene Pilze bleiben ebenso am Fundort. Aber woher weiß ich, ob ein Pilz sich noch eignet oder nicht?

WER KOMMT MIT UND WER BLEIBT DA?

Hier sind einige Faktoren zu beachten: Wenn ich einen Pilz finde, mache ich als Erstes einen Klopftest. Dies geht besonders gut bei Röhrlingen. Große Exemplare teste ich auf ihre Festigkeit, indem ich mit der flachen Hand auf den Hut klopfe. Dabei höre ich dann bereits, ob der Fruchtkörper stabil ist, nachgibt oder gar hohl klingt. Das macht Spaß, ist sehr aufschlussreich und verbreitet nebenbei noch die Sporen. Mit der Zeit liegt die Trefferquote bei dieser Methode der Qualitätskontrolle garantiert auch bei dir bei 100 Prozent.

Als Nächstes mache ich den Drucktest: Bleibt eine Delle im Hut, wenn ich mit dem Zeigefinger hineindrücke, ist die Eiweißzersetzung bereits im Gange und der Pilz ist nicht mehr verwertbar. Konsumiert man überständige Pilze, die sich bereits zersetzen, kommt es zur häufigsten Pilzvergiftung, nämlich der „unechten". Diese wird dadurch ausgelöst, dass man Protein zu sich nimmt, das schon im Begriff ist, sich zu zersetzen, und kann zu heftigen Magen-Darm-Irritationen führen, Übelkeit inklusive. „Gammelpilze" eignen sich übrigens auch nicht mehr zum Dörren. Also stehen lassen – was verdorben ist, bleibt verdorben, egal in welchem Zustand.

Generell versuche ich inzwischen, eher auf Vielfalt als auf Masse zu sammeln: Mir macht es mehr Spaß, seltene Arten zu finden und mich an der farbenfrohen Vielfalt zu erfreuen oder Challenges zu meistern, wie einen bestimmten Pilz zu finden, als den Korb möglichst voll zu machen.

GESCHÜTZTE ARTEN BLEIBEN IM WALD

Manche Pilzarten sind in Deutschland vom Aussterben bedroht. Dazu haben verschiedene Faktoren beigetragen, wie zum Beispiel die moderne Forstwirtschaft mit ihren Monokulturen und dem damit verbundenen Verlust von Lebensräumen und Arten, die Landwirtschaft und die Industrie mit dem damit verbundenen Nährstoffeintrag in die Natur (Gülle, Abgase), übermäßiges Sammeln (wie beim Pfifferling) oder am Ende und als größtes Problem natürlich der Klimawandel. Lange Trockenzeiten tun ihr Übriges. Es gibt in Deutschland daher geschützte und streng geschützte Pilzarten. Die geschützten Arten dürfen nur in geringen Mengen und zum Eigenbedarf gesammelt werden.

Dazu gehören: Steinpilz *(Boletus Edulis)*, Pfifferlinge (alle Arten / *Cantharellus* sp.), Brätling *(Lactarius volemus)*, alle Rauhfußröhrlinge (Gattung *Leccinum*), alle Morcheln (*Morchella* sp.) sowie das Schweinsohr *(Gomphus clavatus)*.

Zu den streng geschützen Arten, die in Deutschland gar nicht gesammelt werden dürfen, gehören:

Kaiserling *(Amanita caesarea)*, schwarzhütiger Steinpilz *(Boletus aereus)*, Sommerröhrling *(Boletus fechtneri)*, Anhängselröhrling *(Boletus appendiculatus)*, Königsröhrling *(Boletus regius)*, Blauender Königsröhrling *(Boletus speciosus)*, Erlengrübling *(Gyrodon lividus)*, Grünling *(Tricholoma flavovirens)*, Märzschneckling *(Hygrophorus marzuolus)*, alle Saftlinge (*Hygrocybe* sp.), alle echten Trüffel (*Tuber* sp.) sowie alle Bodenporlinge (*Albatrellus* sp.).

Die streng geschützten Arten sind leider rückgängig oder bereits vom Aussterben bedroht und sollten daher unbedingt geschont werden, auch wenn sie mancherorts vielleicht häufig vorkommen mögen. Viele Pilzsammler wissen das nicht. Man sollte sich daher immer informieren und sich daran halten. Zur Bestimmung ist es sicherlich nicht verwerflich, gerade wenn es unwissend passiert, mal ein, zwei Fruchtkörper mitzunehmen. Als Newbie ist das völlig normal und verzeihbar, zum Rantasten an neue Arten ist es ja auch aufschlussreich. Von unbekannten Pilzen sollte man daher aber nie mehr als ein bis zwei Fruchtkörper zum Bestimmen mitnehmen, um nicht Gefahr zu laufen, zu viele Fruchtkörper einer streng geschützten Art einzustecken. Im Idealfall unterscheiden sich diese dann noch in ihrem Wuchsstadium, so dass man eine Idee bekommt, wie sich die Fruchtkörper mit zunehmendem Alter verändern.

DER KAISERLING trägt seinen Namen, weil er der Lieblingspilz römischer Kaiser gewesen sein soll. In Deutschland ist die Art streng geschützt und darf nicht gesammelt werden.

EIN KORB IST ein treuer Begleiter und sorgt dafür, dass die Pilze atmen können und nicht gequetscht werden. Dieser hier hat schon einiges gesehen – er begleitet mich seit 15 Jahren.

RICHTIG ERNTEN

Kommen wir zur Gretchenfrage: Abschneiden oder rausdrehen? Diese Frage ist ein Dauerbrenner und lässt ältere Pilzbgeisterte kichern, denn dem Pilz ist es herzlich egal, wie du die Fruchtkörper erntest. Was auch immer deine Oma dazu gesagt hat: Du kannst Pilze direkt über dem Boden abschneiden oder sanft herausdrehen, es ist latte. Für Anfänger ist es allerdings unerlässlich, die Fruchtkörper im Ganzen zu entnehmen, um sie korrekt zu bestimmen. In der Stielbasis sind nämlich essenzielle Informationen für die Bestimmung enthalten (hat der Pilz eine Knolle, wurzelt er etc.). Das Loch der Entnahmestelle unbedingt wieder mit Moos, Laub oder Erde bedecken, damit das lichtempfindliche unterirdische Myzel nicht austrocknet und geschädigt wird – sonst gibt es dort im nächsten Jahr mit Pech keine neuen Exemplare – und du bist auch noch schuld!

Die Pilze solltest du am besten vor Ort im Wald reinigen. Das kann man machen, während man sich ganz in Ruhe nach weiteren Fruchtkörpern umschaut. So geht dafür zuhause keine Zeit drauf und die Arbeit macht sich nebenbei. Zudem bleiben kleine Insekten ebenfalls an Ort und Stelle – da wo sie hingehören. Es ist empfehlenswert, sich zu diesem Zweck ein Pilzmesser mit Bürste zu kaufen oder einen Pinsel dabei zu haben.

Pilze solltest du idealerweise in einem luftdurchlässigen Korb transportieren. Im Korb werden die Pilze nicht gequetscht und können daher locker übereinander liegen, außerdem ist er luftdurchlässig und atmungsaktiv, so dass sie nicht anfangen, „zu schwitzen“ und rumzumatschen. Pilze brauchen immer Luft und am besten keinen Druck. Daher ist die gemeine Plastiktüte das gänzlich ungeeignetste Behältnis überhaupt zum Pilze sammeln. Wenn ich Menschen damit im Wald sehe, empfinde ich Scham – und manchmal Mitleid. Aber im Ernst: Tu dir den Gefallen und gönn’ dir einen Korb. Kostet maximal 35 € und hält im Idealfall 15 Jahre oder länger. Wer absolut keine Kohle für einen Korb hat, ist meiner Meinung nach mit einem Plastikkorb aus dem Supermarkt immer noch besser beraten als mit einem Jutebeutel – Letzterer ist für den Notfall natürlich nice to have, aber Ersterer drückt nicht von allen Seiten, bleibt stabil und hat zudem noch Luftschlitze. So oder so, alles ist immer besser als die Plastiktüte, die einfach die schlechteste Wahl aller Zeiten ist.

Pilze das ganze Jahr über

EIN KULINARISCHER WALDSPAZIERGANG DURCH DIE JAHRESZEITEN

Egal, ob Frühling, Sommer, Herbst oder Winter – der Wald hat immer etwas Leckeres zu bieten. Viele denken bei Pilzen immer sofort an goldene Herbsttage, aber die Natur ist großzügig, und die Pilzsaison erstreckt sich über das ganze Jahr. Wenn man weiß, was wann wo wächst, kann man sich fast durchgängig mit Speise- oder Vitalpilzen versorgen. Natürlich ist die Vielfalt im Herbst am größten, aber auch die anderen Monate halten durchaus Schätze bereit – wenn man weiß, wo man suchen muss.

die ersten Knospen sprießen und die Natur aus dem Winterschlaf erwacht, verstecken sich im Wald schon die ersten Leckerbissen. In der klaren Luft liegt der Geruch von Frühlingserwachen, die Vögel stimmen die ersten Lieder an und das Leben kehrt langsam zurück. Die Sonne hat wieder genug Kraft, um das Gesicht zu wärmen, es ist endlich nicht mehr kalt. Perfekte Bedingungen, um sich wieder ins Pilzgame zu stürzen und direkt mit dem Endgegner in die neue Saison zu starten, denn: Die Morcheln sind los. Wenn der Geruch von Bärlauch in der Luft liegt und die Temperaturen über der 15-Grad-Marke liegen, ist es Zeit, Auwälder aufzusuchen und eine der besten Speisepilzgattungen zu entdecken.

DIE PILZWELT IM FRÜHLING

——— Die Familie der Morchelverwandten hält einiges an Delikatessen bereit: Neben der Speisemorchel *(Morchella esculenta)* kann man Böhmische Verpeln *(Verpa bohemica)*, Käppchenmorcheln *(Morchella semilibera)*, Morchelbecherlinge *(Disciotis)* und weitere Spezialitäten finden. Auch die Prachtbecherlinge *(Sarcoscypha coccinea)* bringen mit ihren satten roten Fruchtkörpern Farbe in den Wald und bieten neben kulinarischem Genuss einen schönen Kontrast zum Frühlingsgrün. Ab April gibt es den Mairitterling *(Calocybe gambosa)*. Kurze Zeit später können dann die ersten Pfifferlinge *(Cantharellus)*, Espenrotkappen *(Leccinum leucopodium)* oder Sommersteinpilze *(Boletus reticulatus)* gefunden werden.

… UND IM SOMMER

——— Während die Sonne den Wald in ein grünes Paradies verwandelt, gibt es im Schatten versteckte Schätze. Neben einer Reihe von Pilzen können wir uns an Wildkräutern, Walderdbeeren, Him- und Brombeeren oder Blaubeeren bedienen. Im Sommer bin ich daher gerne im Wald, auch wenn man sich mit Hirschlausfliegen, Zecken und Mücken rumschlagen muss. Während die anderen am See vor sich hinbrutzeln, mache ich mir in aller Ruhe den Korb voll und genieße die Ruhe, die nur von Naturgeräuschen untermalt ist.

HAUPTSAISON

——— Im Herbst geht die Pilzsaison in die Hochphase. Von Maronenröhrlingen *(Imleria badia)* bis zur Krause Glucken *(Sparassis crispa)* – der Wald wird zum Pilzparadies und bietet dir täglich eine neue Auswahl an bunten Pilzen und kleinen Wundern. Wer jetzt nicht sammelt, dem ist nicht zu helfen. Der Herbst bringt nicht nur kühlere Temperaturen und kürzere Tage mit sich, sondern markiert auch den Höhepunkt der Erntezeit in der Natur. Die Landschaft verwandelt sich in ein lebendiges Gemälde aus warmen Rot- und Goldtönen, während Naturfreunde die Früchte der vorangegangenen Monate einsammeln können. Der Wald wird zu einem Teppich aus raschelnden Blättern und bietet uns seine Schätze in Hülle und Fülle zum Mitnehmen an. Nüsse fallen von den Bäumen und eine Vielfalt an Pilzen findet ihren Weg in die Vorratskammern, um uns auch während der kalten Monate mit Vitaminen zu versorgen.

UND SCHLIESSLICH DER WINTER

——— Doch mit dem Ende des Herbstes und dem Einzug des Winters ist es nicht vorbei. Unter dem Schnee warten Winterpilze wie das Judasohr *(Auricularia auricula-judae)*, der Austernseitling *(Pleurotus ostreatus)* oder der Samtfußrübling *(Flammulina)* darauf, entdeckt zu werden. Ihr zarter Geschmack verzaubert winterliche Suppen, Eintöpfe oder den Weihnachtsbraten. Ein heißer Pilztee aus Porlingen wärmt von innen und lässt den Winterwald in neuem Licht erscheinen. Pilze sind das ganze Jahr über unsere kulinarischen Begleiter im Wald. Also schnapp dir Korb und Stiefel, wann immer du willst und entdecke, was der Wald für uns bereithält.

NICHT NUR IM HERBST lohnt es sich, in den Wald zu gehen. Im Frühjahr lassen sich neben tollen Pilzdelikatessen auch viele Kräuter finden. Das frische Grün der Flora beruhigt die Sinne.

Waldtypen, Zeigerpflanzen und ihre pilzigen Begleiter

WO SICH DIE KOLLEGEN WOHLFÜHLEN

Es ist dir vielleicht schon aufgefallen: An bestimmten Orten sprießen deine Lieblingspilze scheinbar in rauhen Mengen, während sie an anderen Stellen einfach nicht auftauchen wollen. Ein möglicher Grund hierfür liegt in den individuellen Vorlieben der Pilzarten für bestimmte Standorte und für bestimmte Mykorrhizapartner. Oft findet sich schon im Namen der Pilze, an welchen Orten sich die Suche lohnt: Eichenmilchlinge wachsen in Verbindung mit Eichen, Kiefernsteinpilze mit Kiefern, Birkenpilze wachsen bei Birken.

sind flexibel und genügsam, sie nehmen es mit ihren Symbiosepartnern nicht so genau und finden sich an den unterschiedlichsten Orten. Ein gutes Beispiel ist der Fichtensteinspilz, der bei Kiefern, aber auch im Mischwald wächst. Andere Pilze sind auf spezielle Lebensbedingungen angewiesen oder können nur mit einer ganz bestimmten Partnerpflanze, zum Beipiel einer bestimmten Baumart, zusammenleben. Soll die Pilzsuche also erfolgreich sein, ist es entscheidend, Gebiete auszukundschaften, die den bevorzugten Standortbedingungen deiner Ziel-Pilzart entsprechen. Ich recherchiere also vor der Suche, was für Bäume, und wenn möglich auch welche Zeigerpflanzen im entsprechenden Gebiet vorkommen. „Zeigerpflanzen" sind Pflanzen, die auf bestimmte Bodenverhältnisse schließen lassen und so Auskunft über dessen Zusammensetzung geben.

DAS HAT DOCH SYSTEM!

Den Baumbestand kann man sogar gut mit Google Maps analysieren: Einfach auf voller Zoomstufe die verschiedenen Formen des Grüns anschauen. In Reihe gepflanzte Bäume lassen meist auf Kiefern- oder Fichtenplantagen schließen, Laub- und Mischwälder sehen von oben eher aus wie wild gepflanzter Brokkoli. Zeigerpflanzen lassen sich dann vor Ort analysieren, im Internet oder in guter Pilz-Literatur findet man Informationen zu Standortbedingungen, so dass sich der Boden darüber gut lesen lässt.

WALDTYPEN UND IHRE BEGLEITER

FICHTENWÄLDER

Ursprünglich kommen Fichten besonders in Gebirgsregionen und der borealen Vegetationszone (in der Tundra und den Steppen der nördlichen Hemisphäre) vor. Durch ihr schnelles Wachstum und ihre Anspruchslosigkeit in Bezug auf ihren Standort sind sie aber zu einem beliebten Holzlieferanten für Industrie und Handel geworden und so prägen sie mittlerweile das Landschaftsbild vieler Regionen in Deutschland und Europa. Die abgelagerte Nadelstreu dieser monokulturell bewirtschafteten Baumplantagen führt zu einer starken Versäuerung des Oberbodens. Auch deswegen spricht man bei Nadelwäldern von saurem Boden. Interessanterweise beherbergen diese scheinbar eintönigen Biotope aber eine Vielzahl interessanter Pilze, darunter Pfifferlinge *(Cantharellus cibarius)*, Reizker *(Lactarius deliciosus)*, Steinpilze *(Boletus)*, Maronen *(Imleria badia)* – und eine Vielzahl weiterer Röhrlinge.

KIEFERNWÄLDER

Die Kiefer mag ebenfalls nährstoffarme Standorte, auch sie ist gerne auf sauren Sandböden zu finden. Diese Umgebung ist reich an verschiedenen Großpilzen. Ähnlich wie im Fichtenwald kommen Steinpilze *(Boletus)*, Maronen *(Imleria badia)* und Pfifferlinge *(Cantharellus cibarius)* vor. Zusätzlich sind Sand- und Kuhröhrlinge (*Suillus variegatus* und *Suillus bovinus*) und andere Röhrlinge in beträchtlichen Mengen anzutreffen, da sie in Symbiose mit der Kiefer leben. Ebenso der Butterpilz *(Suillus luteus)*, der Körnchenröhrling *(Suillus granulatus)* oder der Edelreizker *(Lactarius deliciosus)*. Auf den Wurzeln alter Kiefern parasitiert die Krause Glucke *(Sparassis crispa)*, ein ergiebiger und geschmackvoller Speisepilz. Also: Kiefern sind nicht zu verachten.

EICHENWÄLDER

Eichenwälder sind mittlerweile in Deutschland leider recht rar. Sie üben eine ganz eigene Magie aus. Sie zeichnen sich durch eine Vielfalt an Pflanzen und Tieren aus und bieten natürlich auch einen optimalen Lebensraum für verschiedene Pilzarten. Der Sommersteinpilz *(Boletus reticulatus)* zeigt sich bereits früh im Jahr in unmittelbarer Umgebung der Eiche, begleitet von verschiedenen Filzröhrlingen *(Xerocomus)*, Täublingen *(Russula)* oder dem Eichhasen *(Polyporus umbellatus)* – einem beliebten Speiseporling. Vorsicht ist in diesen Wäldern aber geboten, denn giftige Knollenblätterpilze *(Amanita phalloides)* und andere

BUCHEN LADEN FÖRMLICH zum Treehugging ein – besonders mit so einer flauschigen Wetterseite wie bei dieser. Für mich sind sie so etwas wie ein Großelternersatz – weise und immer für einen da.

gefährliche Arten gedeihen ebenfalls gern in diesem Habitat.

EDELKASTANIENWÄLDER

Die Vegetation von Kastanienwäldern und Eichenwäldern ähnelt sich stark und führt zu einer ähnlichen Pilzvielfalt. Kastanienwälder kommen bei uns allerdings kaum vor, da sie klimatisch wärmere Standorte bevorzugen. Wer im mediterranen Raum sammeln will, kann hier großzügig fündig werden. Bei günstigem Wetter beherbergen diese Habitate echte Raritäten wie den Schwarzhütigen Steinpilz *(Boletus aereus)* und den seltenen Kaiserling *(Amanita caesarea)*. Beide sind in Deutschland streng geschützt, dürfen aber beispielsweise in Italien gesammelt werden.

BUCHENWÄLDER

Buchenwälder sind vielfältige Lebensräume für allerlei Großpilze. Hier gedeiht eine Menge symbiontisch lebender Speisepilze wie der Sommersteinpilz *(Boletus reticulatus)*, der Pfifferling *(Cantharellus cibarius)*, der flockenstielige Hexenröhrling *(Neoboletus luridiformis)* oder die Marone *(Imleria badia)* und diverse Täublingsarten wie der Frauen- oder Speisetäubling (*Russula cyanoxantha* und *Russula vesca*). An alten Buchenstümpfen sind Stockschwämmchen *(Kuehneromyces)*, Lungenseitlinge *(Pleurotus pulmonarius)* oder im Winter Austernseitlinge *(Pleurotus ostreatus)* und Samtfußrüblinge *(Flammulina)* zu finden. Auf basischem Muschelkalkuntergrund zeigt der Buchenwald meist eine noch üppigere Artenvielfalt als auf saurem Untergrund.

ÄCKER UND WIESEN

Die zunehmende landwirtschaftliche Nutzung und die damit verbundene Überdüngung der Landschaft durch künstlichen Nährstoffeintrag ist für die meisten Pilze ein Problem, da sie nährstoffarme Standorte brauchen. Es gibt aber auch eine Handvoll Pilze, die damit gut umgehen können. Riesenboviste *(Calvatia gigantea)* wachsen zum Beispiel gerne auf überdüngten Äckern und Wiesen, Champignonarten sind hier ebenfalls häufig anzutreffen. Vorsicht ist geboten, da insbesondere die weiße Variante des Gelben Knollenblätterpilzes *(Amanita citrina)* eine erhebliche Verwechslungsgefahr darstellt. Im Gegensatz dazu ist der Parasolpilz *(Macrolepiota procera)* leicht zu identifizieren, auch er wächst als graszersetzender Saprobiont häufig auf Wiesen und an Waldrändern. Im Frühjahr sind auf alten Obstwiesen Morcheln *(Morchella)* zu finden, allerdings nur, wenn diese mager und nicht fett, also nicht überdüngt, sind.

Überall, wo es Bäume gibt, gibt es in Symbiose lebende Pilzarten – also auch hier.

ZEIGERPFLANZEN

Wir unterscheiden zwischen basischem und saurem Boden. Für beide Bodentypen gibt es entsprechende Zeigerpflanzen. Außerdem gibt es Pflanzen, die anzeigen, wie feucht ein Untergrund ist.

BASENANZEIGER

Auf basischen Böden gedeihen manche Pflanzenarten besonders gut und geben uns wichtige Hinweise auf die Bodenbeschaffenheit und somit auch auf das Pilzvorkommen. Bestimmte Pilze, wie beispielsweise der Sommersteinpilz *(Boletus reticulatus)*, bevorzugen basische Bedingungen. Zeigerpflanzen sind unter anderem:

1. Acker-Stiefmütterchen *(Viola arvensis)*
   - Liebt kalkreiche Böden.
   - Indikator für neutral bis leicht alkalische Standorte.
2. Wiesen-Küchenschelle *(Pulsatilla pratensis)*:
   - Präferiert basenreiche Böden.
   - Deutet auf einen leicht alkalischen Standort hin.
3. Wiesen-Flockenblume *(Centaurea jacea)*:
   - Gedeiht gut auf kalkhaltigen Böden.
   - Anzeiger für basische bis neutrale Bedingungen.

SAURE BÖDEN

Für saure Böden haben wir ebenfalls charakteristische Zeigerpflanzen, die uns auf den PH-Wert unter 6,5 hinweisen. Auf diesen Böden gedeihen Röhrlinge wie Maronen *(Imleria badia)*, Steinpilze *(Boletus)*, Filzröhrlinge *(Xerocomus)* oder auch Pfifferlinge *(Cantharellus cibarius)*, Täublinge *(Russula)* oder andere Speisepilze. Indikatoren für saure Böden sind u. a.:

1. Moosbeere *(Vaccinium oxycoccos)*:
   - Gedeiht auf sauren Moorböden.
   - Ein Hinweis auf saure bis stark saure Verhältnisse.
2. Heidelbeere *(Vaccinium myrtillus)*:
   - Anspruchsvoll hinsichtlich saurer Böden.
   - Ein deutlicher Indikator für saure Standorte.
3. Fichte *(Picea abies)*:
   - Wächst bevorzugt auf sauren Böden.

FEUCHTIGKEITS-ANZEIGERPFLANZEN

Pflanzen, die auf eine hohe Bodenfeuchtigkeit hinweisen, sind entscheidend, um Pilze zu finden, die besonders feuchte Standorte lieben. Hierzu zählt u. a. die Speisemorchel *(Morchella esculenta)*, die in Auwäldern wächst. Indikatoren für besonders feuchte Standorte und Böden sind u. a.:

1. Sumpfdotterblume *(Caltha palustris)*:
   - Liebt feuchte Standorte wie Ufer und Auen.
   - Ein Indikator für hohe Bodenfeuchtigkeit.
2. Wasserdost *(Eupatorium cannabinum)*:
   - Gedeiht in feuchten bis nassen Böden.
   - Signalisiert gut durchfeuchtete Standorte.
3. Pestwurz *(Symphytum officinale)*
   - Zeigerpflanze für feuchte bis nasse Bedingungen.
   - Anzeichen für nährstoffreiche Böden

Es gibt generell eine Vielzahl von Zeigerpflanzen für alle Bodentypen – alle hier aufzuzählen würde ein eigenes Buch füllen. Generell würde ich mich als Einsteiger eher an den Symbiosepartnern der Großpilze – den Bäumen – orientieren, als mich zu sehr auf andere Zeigerpflanzen zu verlassen. Das führt eher zu den ersten Erfolgen.

Zeigerpflanzen sind wichtig, aber Level zwei. Manchmal hat man einen Standort, an dem alles stimmt, alle Anzeiger vorhanden sind – und man findet trotzdem nichts. Sie sind somit nie ein Garant, aber sie sind einer von vielen Faktoren. Besonders deutlich zeigt sich das bei der Suche nach Morcheln *(Morchella)*. Wer da schon mal mitgespielt hat, weiß wovon ich rede. Die Morchelsuche ist das Endlevel im Pilzgame. Kaum ein Pilz ist gezielt so schwer zu finden und so launisch wie die Morchel, da kommt es schon mal vor, dass man alle Zeigerpflanzen findet, aber keinen einzigen Pilz. Irgendwann wird die Geduld belohnt, meistens dann, wenn man nicht mehr damit rechnet. Das ist so etwas wie Murphy's Law.

DIE MOOSBEERE (oben) ist essbar, schmeckt süß-säuerlich und kommt vor allem in Heideflächen und Mooren vor, also auf sauren Böden. In ihrer Nachbarschaft wachsen viele Röhrlinge. **DIE SUMPFDOTTERBLUME** (unten) wächst in Auwäldern und ist ein Feuchtigkeitsanzeiger.

Shinrin Yoku

DIE ENTDECKUNG DER LANGSAMKEIT ALS SCHLÜSSEL ZUM ERFOLG

Wenn ich Menschen von meiner Doppelrolle als Pilzcoach und Kursleiter für Waldbaden erzähle, stoße ich manchmal auf fragende Blicke. Der Begriff Waldbaden, oder Shinrin Yoku, ist aus dem japanischen Kulturkreis zu uns gekommen. Dort wird es seit einigen Dekaden als anerkannte Therapieform praktiziert; die positiven Effekte des Waldes auf Körper und Geist sind seitdem ebenfalls Thema an Universitäten und werden intensiv erforscht. Was hat es also auf sich mit der grünen Heilkraft der Bäume?

SHINRIN YOKU bedeutet wörtlich übersetzt „Baden in der Waldluft“ und beschreibt die Erfahrung, achtsam und ohne Absicht Zeit in der Natur zu verbringen. Der Begriff setzt sich aus den Wörtern „Shin“ (großer Wald), „Rin“ (kleiner Wald) und „Yoku“ (baden/heilen) zusammen. Ursprünglich entstand er 1982 in Japan als Reaktion auf die wachsende Entfremdung der Bevölkerung von der Natur. Von Japan aus verbreitete sich die Praxis nach Kalifornien und entwickelte sich dort zu einem regelrechten Hype. Inzwischen ist Waldbaden zu einer weltweiten Bewegung geworden und findet mittlerweile viele Anhänger.

ACHTSAM, ABSICHTSLOS UND WISSENSCHAFTLICH FUNDIERT

Die von der japanischen Regierung in Auftrag gegebenen Studien zum Thema beweisen, dass Waldbaden stressreduzierend, blutdrucksenkend und immunsystemstärkend wirken kann. In Japan wird Shinrin Yoku sogar vom Arzt verschrieben.

Das gedämpfte Licht, die frische Luft, die Ruhe und das satte Grün der Flora wirken stressreduzierend und stimmungsaufhellend. Wissenschaftler haben herausgefunden, dass dafür die Botenstoffe der Bäume, die sogenannten Terpene, verantwortlich sind. Terpene sind Phytonzide, die Pflanzen zur Kommunikation und zur Abwehr von Feinden wie Insekten und Bakterien nutzen. Diese Duftstoffe werden freigesetzt und von uns beim Waldbaden über die Haut und die Atmung aufgenommen. Sie beruhigen, senken den Blutdruck und hemmen die Ausschüttung des Stresshormons Cortisol.

Zudem konnten die Wissenschaftler den positiven Einfluss der Phytonzide auf die Anzahl und Aktivität der weißen Blutkörperchen, also der natürlichen Killerzellen des Immunsystems, nachweisen. Um diesen Parameter zu steigern, benötigen unsere Killerzellen bestimmte Eiweißstoffe, deren Produktion durch die Wirkstoffe der Waldatmosphäre angekurbelt wird. Der Zustand der erhöhten Aktivität der Killerzellen lässt sich noch bis zu sieben Tage nach einem Waldbad nachweisen.

HEIMAT WALD UND WALDHEIMAT

Die Verbindung von Wald und Mensch ist tief in uns verankert und eigentlich auch in der westlichen Welt nichts Neues. Der Soziobiologe Edward O. Wilson beschrieb in den 1980er-Jahren, dass wir Menschen genetisch dazu bestimmt sind, uns zur Natur hingezogen zu fühlen. Er prägte den Begriff „Biophilie“ und bezeichnete damit die in unserer DNA verwurzelte Liebe zu allem Lebendigen. Wir fühlen uns im Wald zuhause, schon das alleine beruhigt den Geist. Die natürliche Umgebung wirkt anregend auf uns Menschen. Sie stimuliert die Sinne, ohne sie zu überfordern oder zu reizen. Menschen präferieren seit jeher Landschaften, die ihren Bedürfnissen aus evolutionsgeschichtlicher Sicht förderlich waren: Bäume bieten Schutz, man kann auf sie klettern, um sich vor Feinden zu schützen. Außerdem liefert der Wald eine Vielfalt an Nahrung, und Holz kann zum Feuermachen genutzt werden – Grundbedingungen, um das Überleben zu sichern.

Scheinbar hat also der Mensch ein existenzielles Bedürfnis nach Wald und Natur – es steckt einfach in unseren Genen, egal wie technisiert unser modernes Leben auch sein mag. Jeder Mensch ist also mit dem Wald verbunden. Die meisten von uns haben auch positive Erinnerungen und Assoziationen zum Wald, sei es ein Spaziergang an einem goldenen Herbsttag oder Pilze sammeln mit den Großeltern, so ist die Natur auch Teil unserer Sozialisation. Ein Bad im Wald hilft uns, in unserer modernen Welt wieder zu uns selbst zu finden und uns mit unseren Wurzeln zu verbinden, die vielleicht ein wenig in Vergessenheit geraten sind. Waldbaden hat nichts mit Esoterik zu tun, sondern betont die Wertschätzung des Hier und Jetzt.

Die Praxis des Waldbadens kann ganz unterschiedlich aussehen, von Meditation und Yoga im Wald bis hin zu einfachen Spaziergängen und der bewussten Beobachtung der

IMMER MIT DER RUHE! Wer neben Pilzen ein ganzheitliches Naturerlebnis im Wald sucht, ist mit Shinrin Yoku gut beraten. Ein paar einfache Übungen lassen dich auf die richtige Sammelgeschwindigkeit runterkommen und bescheren mit Sicherheit viel Glück.

ICH BIN STETS fasziniert von der Schönheit von Flechten. Diese lassen sich am besten mit einer Lupe betrachten. Es kommt doch schließlich auch auf die kleinen Dinge im Leben an!

Natur. Zentrales Element ist dabei immer die Achtsamkeit. Aber keine Sorge, du musst nicht gleich zum Hippie mutieren oder in weißen Gewändern duch den Wald schweben, voll im Einklang mit dir selbst und den Elementen. Waldbaden darf auch Spaß machen und ist keine bierernste Angelegenheit.

MIT ALLEN SINNEN VOR ORT

In meinen Kursen praktiziere ich gerne Spiele, die eigentlich aus der Kinderpädagogik entlehnt sind. Teilnehmer finden sich beispielsweise mit verbundenen Augen im Wald wieder und bekommen die Aufgabe, verschiedene Dinge zu ertasten und mit allen Sinnen wahrzunehmen. Wie riecht Moos? Wie fühlt sich eine Kiefernrinde an und wie die einer Buche? Wie reagiert dein Körper, wenn du blind durch den Wald geführt wirst und über weiches Moos oder knackende Äste läufst? Hörst du die Vögel? Hast du das Eichhörnchen gesehen? Oder ich verteile Lupen und lade die Teilnehmenden ein, sich auf kleine Wunder im Mikrokosmos des Waldbodens einzulassen. Flechten in Großaufnahme! Die Oberfläche des Pilzes mit ihrer flauschigen Struktur, das verrottende Blatt mit all seinen Farben – überall warten kleine Wunder und Mikroabenteuer auf uns – wir müssen uns nur darauf einlassen. Dabei hilft es, unseren Blickwinkel zu verändern. Wenn wir das geschafft haben, dann sind wir auch ready für eine gelungene Pilzexkursion.

Für mich ist Waldbaden nämlich der Schlüssel zum Erfolg – auch und gerade beim Pilze sammeln. Die Verlangsamung und das Im-Moment-Sein eröffnen ganz neue Perspektiven, es gilt, den richtigen Rhythmus für sich zu finden, um die Umgebung wirklich wahrnehmen zu können. Wer sich einmal im Wald die Schuhe hat binden oder eine Pinkelpause hat einlegen müssen, der weiß, wovon ich spreche. Man sieht in diesen erzwungenen Pausen auf einmal überall Pilze, wo eben noch keine waren, weil man wahrscheinlich einfach viel zu schnell an ihnen vorbei gerast ist. Solche Stopps sind ein guter Reminder, es langsam angehen zu lassen und seinen Blick zu weiten. So lasse ich bewusst Elemente des Waldbadens in meine Kurse einfliessen, um den Teilnehmenden zu helfen, all die kleinen Wunder um sie herum zu entdecken und bei sich selbst anzukommen.

Außerdem geht es mir um die richtige Energie, auch wenn das nun wirklich eso klingt. Die Stadt hat nicht nur einen anderen Rhythmus als der Wald, sie bringt auch andere Schwingungen mit sich. Sie ist hart, schnell, laut und hektisch – das Gegenteil von dem, was der Wald ist. Es gilt zum einen, diese Energie umzupolen und zum anderen die „Nebenwirkungen" zu reduzieren. Hast, Gier, Stress, Druck, Hetze – all das hat beim Pilze sammeln nichts verloren. Wer viel will, wird wenig bekommen. Das ist ein ungeschriebenes Gesetz. Wer es hingegen schafft, sich davon zu lösen, den Korb möglichst schnell füllen zu wollen und sich darauf einlässt, sich einfach mal treiben zu lassen und zu schauen, was einem so alles über den Weg läuft, der wird mit Sicherheit für diese Offenheit belohnt. Es ist ein Stück weit so, als müsse man erst Eins werden mit dem Wald und seiner Umgebung. Schöner Nebeneffekt hierbei: Man sieht nicht nur Pilze – auch die Tierwelt lässt sich entdecken. Wer ruhig und achtsam bei verlangsamtem Tempo durch den Wald schreitet, wird überrascht. Mir ist es schon passiert, dass plötzlich vor meinen Füßen ein Hase aus dem Gras startet, ich Rehe aus nächster Nähe beobachten oder dem Specht am Baum beim Bau seiner zukünftigen Herberge zuschauen konnte. All das gehört für mich zum Pilze sammeln dazu. Wer in den Wald geht, kommt garantiert entspannter aus ihm heraus, als er hinein gegangen ist.

ÜBUNGEN ZUM ANKOMMEN

1. QI GONG „DEN MOND ANSCHAUEN":

- Auch bekannt als „Qigong-Übung zur Aktivierung des Herzens" Ist eine Übung zur Förderung des Energieflusses im Herzbereich. Die Übung soll helfen, das Herz zu öffnen, den Geist zu beruhigen und das Qi im Körper zu harmonisieren.

- POSITION: Stehe aufrecht mit den Füßen schulterbreit auseinander, die Knie leicht gebeugt und die Arme entspannt an den Seiten.
- HÄNDE HEBEN: Hebe langsam die Arme vor deinem Körper an, bis sie auf Brusthöhe sind. Die Handflächen zeigen dabei zueinander und sind etwa schulterbreit voneinander entfernt.
- BLICKRICHTUNG: Schau nun über deine Hände hinweg in Richtung des Mondes oder eines anderen hellen Objekts am Himmel. Stelle dir vor, dass du den Mond mit deinem Herzen betrachtest.
- ATMUNG: Atme tief und langsam ein und aus, während du deinen Blick auf den Mond gerichtet hältst. Konzentriere dich dabei auf den Energiefluss im Herzbereich.
- HÄNDE SENKEN: Senke anschließend langsam die Arme zurück in die Ausgangsposition.
- WIEDERHOLEN: Wiederhole die Schritte mehrere Male, während du dich auf dein Herz und den Energiefluss in deinem Körper konzentrierst.

2. QI GONG „WIE EIN BAUM STEHEN“:

- Grundstellung. Auch bekannt als „Wuji“-Stellung. Ist eine grundlegende Haltung im Qi Gong, die oft als Ausgangsposition für andere Übungen verwendet wird. Sie hilft uns, uns zu zentrieren und zur inneren Ruhe zu gelangen. Beim Ausführen der Übung schenken wir uns und der Welt ein zufriedenes Lächeln.
- POSITION: Stehe aufrecht mit den Füßen schulterbreit auseinander und den Zehen leicht nach außen gedreht. Die Knie sind leicht gebeugt und der Rücken ist gerade.
- ARME: Lege die Hände auf den Bauch, wobei die linke Hand auf der rechten liegt. Die Arme sind dabei leicht verschränkt.
- BLICKRICHTUNG: Richte deinen Blick nach vorne und halte deinen Kopf gerade.
- ATMUNG: Atme tief und entspannt durch die Nase ein und aus. Konzentriere dich dabei auf den Energiefluss in deinem Körper und die Empfindungen in deinem Bauchbereich.
- ENTSPANNUNG: Lasse deinen Körper und Geist vollständig entspannen und versuche, deine Gedanken loszulassen.
- Konzentriere dich auf deine Atmung und die Empfindungen in deinem Körper. Die Grundstellung „Stehen“ soll dazu beitragen, das Qi im Körper zu harmonisieren und den Energiefluss zu fördern. Indem du deinen Geist beruhigst, kannst du Stress abbauen und ein Gefühl von innerer Ruhe und Wohlbefinden erreichen.
- Nachdem wir ungefähr fünf Minuten in der Stellung verweilt sind, reiben wir die Handflächen aneinander, bis sie warm sind. Nun reiben wir damit unser Gesicht und den Rest des Körpers ab, wir streichen alle Extremitäten ab und laden sie mit positiver Energie auf.

3. TASTSINN: AUGEN VERBINDEN UND DEN PARTNER FÜHREN

- Jeder sucht sich für diese Übung in der Gruppe einen Partner. Abwechselnd verbinden sich die Teilnehmenden die Augen mit einer Schlafmaske und führen sich durch den Wald.
- Es darf gefühlt und der Wald mit „ganz neuen Augen“ erfahren werden. Wenn möglich zeigen sich die Partner zum Beispiel Moos, Baumrinden oder Blätter zum Fühlen.

4. GERUCHSSINN: AN WALDERDE RIECHEN

- Ich entnehme dem Waldboden nacheinander zwei Hände voll Erde und Laub und gebe diese in die Runde, damit jeder Teilnehmer daran riechen kann. Man kann hier nämlich eine ganze Symphonie verschiedener Aromen entdecken.

DIE GEWÖHNLICHE GELBFLECHTE (oben) und **DIE ROTFRUCHTIGE SÄULENFLECHTE** (unten) bilden eine symbiotische Lebensgemeinschaft zwischen einem Pilz und einem Photosynthese betreibenden Organismus, bei dem es sich um eine Bakterie oder Alge handelt. Beide sind klitzeklein.

Alles außer essen

WAS MAN MIT PILZEN SONST NOCH MACHEN KANN

Pilze bieten eine erstaunliche Vielfalt an Formen, Texturen und Farben. Sie laden förmlich ein, sich mit ihnen kreativ zu beschäftigen und bieten viele gestalterische Möglichkeiten. Man kann mit ihnen färben, Papier oder Tinte herstellen, sie fotografieren, malen oder zu Flatlays arrangieren. Und das Schönste daran: Pilze sind nachhaltiges Material, das in der Natur abbaubar ist und das guten Gewissens dorthin zurück gebracht werden kann, wo man es her hatte, sollte die Kunst mal missraten.

färben ist weder Hexenwerk noch Rocket Science. Einige Pilzarten eignen sich sehr gut zum Färben von (tierischen) Fasern wie Seide oder Wolle. Die meisten Färbepilze liefern sanfte, erdige Farbtöne. Man sieht den Pilzen äußerlich meistens nicht an, welche Farben die Fruchtkörper erzeugen, daher ist vor allem Erfahrung der Schlüssel zum Erfolg. Neben einer breiten Palette an Gelb- und Orangetönen (so färben die meisten Arten) kommt eine Vielzahl an schönen Farben vor. So färbt beispielsweise der Zimtfarbene Weichporling *(Hapalopilus nidulans)* violett. Unter den Porlingen gibt es generell viele Färbepilze, aber auch die Blätterpilze liefern ab: der Blutblättrige Hautkopf *(Cortinarius semisanguineus)* etwa färbt rot, das Kuhmaul *(Gomphidius glutinosus)* rosa oder der Samtfußkrempling *(Tapinella atrotomentosa)* grünlila.

MIT PILZEN FÄRBEN

——— VOR ALLEM DAS SAMMELN der Färbepilze ist zeitintensiv, da man ausreichend Färbematerial braucht, das Färben an sich ist dann recht unkompliziert. Das Verhältnis zum Färbegut ist 5:1, das heißt man braucht etwa fünfmal so viele getrocknete Färbepilze wie Seide oder Wolle (an Gewicht).

——— ANSONSTEN BRAUCHT MAN: Textilien zum Färben (keine synthetischen Fasern, Baumwolle geht auch, aber hält die Farbe nicht so gut wie tierische Faser), ein paar Eimer, Schraubgläser, Schutzkleidung, Grillzange und Beize.

——— DER PROZESS LÄUFT SO: Man gewinnt eine Färbebrühe, indem man zerkleinerte Fruchtkörper auskocht. Im zweiten Schritt legt man den Stoff darin ein und lässt ihn sich mit der Farbe verbinden. Die Beize fungiert im Anschluss als Fixativ zwischen Farbstoff und Faser, so dass eine dauerhafte, feste Verbindung entsteht.

——— ES GIBT ZUM THEMA detaillierte Anleitungen im Internet, ganze Bücher oder auch Workshopangebote, mit denen man direkt aktiv werden kann. Um ein Meister in Sachen Färben zu werden, bedarf es viel Experimentierfreude, Zeit und Hingabe, dann wächst die Expertise von allein.

——— Für mich gehörte das Färben mit Pilzen zur Ausbildung zum Pilzcoach. Da gab es auch ein Problem: Die Färbebrühe, die unsere Ausbilderin dabei hatte, war bereits zwei Jahre alt. Als sie die Gläser öffnete, stank der ganze Raum nach faulen Eiern. Mir und einigen anderen Kursteilnehmenden wurde sofort kotzübel und wir schleppten uns durch den Workshop, färbten ein Seidentuch und gut war's. Andere waren da härter im Nehmen: Eine Teilnehmerin färbte sich mit der stinkenden Färbebrühe ihre Dreadlocks. Muss jeder selber wissen, sag ich mal. Sah man zudem überhaupt nicht, da ihre Haare sowieso dunkelrot gefärbt waren und das verwendete dunkelorange daran nichts änderte.

PILZPAPIER HERSTELLEN

——— ZUM HERSTELLEN von Pilzpapier eignen sich theoretisch alle Pilze. Man nimmt Fruchtkörper, zerkleinert sie mit Wasser, schöpft sie ab und erhält astreines Papier. Wenn man ein wenig Übung hat, kann man Blüten oder Moose mit einarbeiten.

——— AM BESTEN EIGNEN SICH zur Papierherstellung Porlinge, weil sie eine gute Struktur mitbringen. Hervorragend eignen sich beispielsweise der Birkenporling *(Fomitopsis betulina)*, der Fichten- *(Fomitopsis pinicola)* oder der Schwefelporling *(Laetiporus sulphureus)*.

——— DAS VERFAHREN IST EINFACH: Man püriert die Fruchtkörper zu einer feinen Masse, die an Tapetenkleister erinnert und gießt oder schöpft diese dann auf ein in einen Rahmen gespanntes feinmaschiges Netz. Anschließend wird das Ganze unter Druck (erst mit einem Nudelholz vorsichtig ausrollen, dann beschweren) getrocknet, indem man Zeitungspapier und Küchenhandtücher auflegt, die man täglich wechselt. Am besten trocknet das Papier langsam bei Raumtemperatur. Wenn es nach ein paar Tagen gänzlich trocken

DER ROTRANDIGE BAUMSCHWAMM – oder Fichtenporling – (hier mir Guttationstropfen) eignet sich hervorragend zum Färben oder zur Pilzpapierherstellung. Er liefert angenehm erdige Gelbtöne. Er lebt als Folgezersetzer und löst würfelförmige Braunfäule an altem oder totem Holz aus.

ANGEFANGEN HAT das „Flatlay“ legen einst als Tagebuchdokumentation meiner Funde. Mittlerweile ist es zu meiner Kunst und Meditation geworden. In diesem Flatlay verstecken sich keine giftigen Pilze.

ist, entfernt man den Rahmen durch vorsichtiges Auseinanderziehen des Netzes und hat sein wunderschönes handgemachtes Pilzpapier.

PILZTINTE

Um nun auf dem Papier etwas schreiben zu können, benötigst du noch Tinte aus Pilzen. Diese ist superschnell gemacht. Alles was du brauchst sind ein paar Schopftintlinge *(Coprinus comatus)*, etwas Nelkenöl zum Konservieren und Gummi arabicum für einen besseren Schreibfluss der Tinte.

Du stellst die Tintlinge bei Raumtemperatur in ein Glas und wartest, bis sich die Hüte aufgelöst haben und zu Tinte zerflossen sind. Das dauert in der Regel ein paar Stunden, am besten du lässt es einfach über Nacht stehen. Dann siebst du die erhaltene Flüssigkeit ab, entfernst Dreckreste und gibst ein paar Tropfen Nelkenöl sowie ein wenig vom Gummi dazu, bis du die gewünschte Konsistenz erreicht hast (die Tinte sollte nicht zu dünnflüssig sein). Nun kannst du deine Memoiren auf Pilzpapier verewigen. Die Tinte hält gut verschlossen einige Jahre.

WARUM FLATLAYS DIE BESTE MEDITATION SIND UND DEN WISSENSSCHATZ ERWEITERN

Flatlays legen – also das Auslegen von Funden aus dem Wald zu harmonischen Bildern – hat eine ganz eigene Kraft. Sie halten die Entdeckungen eines Sammeltages in einem einzigartigen Kunstwerk fest.

Jedes Flatlay hat seine eigene Dynamik, und während ich die Funde zu Kunstwerken arrangiere, hören Raum und Zeit auf zu existieren. Die Vorbereitung, das Reinigen der gesammelten Schätze und die Überlegungen zu Farben, Formen und einem harmonischen Arrangement lassen mich vollständig in den Prozess eintauchen und meine Umgebung vergessen. Flatlays zu kreieren ist für mich die perfekte Meditation, bei der der Weg das Ziel ist. Jede Kreation hat ihre eigenen Herausforderungen – sei es das Sortieren der Pilze nach Farben für einen harmonischen Verlauf oder das Arbeiten mit Spiegelungen und Symmetrien: Man macht sich während des Prozesses Gedanken, arrangiert im Kopf, probiert aus, verwirft Ideen, startet noch mal neu ...

Das Ganze ist therapeutisch: Man reflektiert die Gedanken und die Ansprüche, die man an sich selbst hat, löst sich von Erwartungen und lernt, gelassen mit dem umzugehen, was einen beschäftigt. Man macht im wörtlichen Sinne das Beste aus der Situation und dem Material.

Während des Schaffensprozesses haben Alltagssorgen, unbeantwortete Emails und anderes einfach keinen Platz. Man schafft sich also einen Raum, der den Moment manifestiert. Das Feedback, das ich in meinen Kursen bekomme, bestätigt mich: Schon oft habe ich gehört, dass der Sammeltag mit mir mehr gewesen sei als nur Pilze sammeln. Eine Auszeit mit therapeutischer Wirkung. So etwas zu hören, bestätigt mich in meinem Schaffen – ist es doch das Schönste, Glück zu teilen und zu vermehren!

Ein weiterer Mehrwert ist auch, dass alles gesammelt werden kann, was einem begegnet – Moos, Federn, Steine und natürlich unbekannte Pilze.

Normalerweise macht man ja einen Bogen um Pilze, die man nicht kennt. Wie will man aber seinen Wissensschatz erweitern, wenn man immer nur die gleichen Pilze sammelt? Das Spannende ist doch, dass es gilt, dazuzulernen und offen zu sein für das, was einem begegnet. „Life is what happens while you're busy making other plans", also warum nicht gleich das Motto umarmen, den Kopf aufmachen, sich überraschen lassen?! Während des Arrangierens nimmt man sich automatisch die Zeit, das gesammelte Material genau zu betrachten. Eine intensive Auseinandersetzung mit dem Pilz, der Beschaffenheit seiner Lamellen, den Flocken am Stiel oder dem Geruch des Fruchtkörpers findet automatisch statt. Der Prozess zwingt auf entdeckerische Weise dazu, das Gesehene zu studieren und einzuordnen. Mir hat diese Herangehensweise definitiv einige schöne Erstfunde beschert, die ich sonst nicht mitgenommen hätte, und so ist es eine großartige Methode, sein Wissen stetig zu erweitern.

Vitalpilze

KÖNNEN SIE UNSER LEBEN BESSER MACHEN?

Vitalpilze sind in aller Munde. Lange war das Wissen um die positiven Eigenschaften dieser Pilze auf unseren Organismus vergessen, seit einer Weile erleben sie nicht nur eine Renaissance, sondern mancherorts einen richtigen Hype. In Los Angeles, dem Mekka der Körperkultur schlechthin, findet man sie gefühlt an jeder Straßenecke – ob als „Supplements" in Pulverform, in Getränken oder in hippen Foodtemples. In hiesigen Gefilden sind Heil- oder Vitalpilze noch nicht so ganz im Mainstream angekommen.

WIR LEBEN IN stressigen Zeiten. Das menschengemachte Hier und Jetzt ist von Hektik, Performancedruck und Reizüberflutung geprägt. Überall blinken die bunten Lichter, immer wartet die nächste Challenge, es wird performt und optimiert was das Zeug hält. Mir fehlt bei diesem ganzen Rummel manchmal die Balance, und ich frage mich, wie es sein kann, dass wir Menschen im durchdesignten Alltag vergessen, was uns eigentlich guttut. Wir hetzen von Termin zu Termin und muten uns zu, was kaum zu schaffen ist. Lieber noch schnell einen Cappucino to go untern Arm geklemmt, kurz pumpen gegangen, danach irgendein Proteinpulver in uns reingekippt und ab zum nächsten Termin.

GOING NOWHERE FAST

Ich habe meine Zweifel, dass wir evolutionär so gut für die technischen Entwicklungen der letzten 200 Jahre gemacht sind. Mich strengt die technoide Welt, die wir uns da hingebastelt haben, jedenfalls oft an. Und ich glaube, da bin ich nicht der Einzige. Denn auch gesellschaftlich machen sich die Auswirkungen unseres modernen Lebensstils auf die Gesundheit immer stärker bemerkbar. Alle plagt irgendwas: sei es seelisch oder körperlich.

Mir hilft es, da mal kurz rauszuzoomen und zu hinterfragen, was eigentlich in meinem Leben gerade abgeht. Auch ich hänge ja schließlich im Internet rum und influence mir einen ab, was nicht immer Spaß macht, sondern manchmal auch stressig ist. Der Algorithmus will Nachschub, permanent. Und so bin auch ich nicht immer ausgeglichen und entspannt. Ein Waldspaziergang hilft mir dann, den nötigen Abstand zu den Dingen zu bekommen, meine Gedanken zu sortieren und zu horchen, wonach ich mich eigentlich sehne. Geschwindigkeit rausnehmen, connecten, durchatmen.

Auch Naturheilkunde boomt in den letzten Jahren, weil die Menschen nach Alternativen und Unterstützung suchen.

„Du bist, was du isst" – die Erkenntnis, dass Gesundheit mit dem anfängt und einhergeht, was wir unserem Körper zufügen, setzt sich immer mehr durch, und der Wunsch, Krankheiten vorbeugend durch gesunde Lebensweise zu begegnen, wächst weltweit. Ein Beispiel dafür ist das Konzept des „Functional Foods" aus den USA, das sich auf Nahrungsmittel mit medizinischer Wirkung konzentriert und zahlreiche Vitalpilze integriert. Auch die Biohacker-Fraktion (trendy!) hat das mitbekommen und nutzt unterstützende Pilze, um die Gesundheit zu supporten.

SUPERFOOD PILZ

Die Verwendung von Vitalpilzen ist aber nichts Neues. Sie hat eine lange Tradition, vor allem in der chinesischen und japanischen Medizin, aber auch in nördlichen Breiten (Lappland, Russland, etc.).

Bei uns ist vieles an Wissen verloren gegangen – auch das nichts Neues: Spätestens seit den Zeiten der Hexenverbrennungen klafft eine große Lücke im Wissen um Volksmedizin. Moderne wissenschaftliche Forschung bestätigt aber immer häufiger die Wirksamkeit von Vitalpilzen und das Interesse am Thema wächst. Sie stärken das Immunsystem, regulieren den Blutdruck, fördern den Stoffwechsel und steigern die Energie. Einige Inhaltsstoffe, als Adaptogene bezeichnet, erhöhen die Stressresistenz des Körpers.

Trotz dieser positiven Entwicklungen besteht in Deutschland und Europa aber immer noch eine grundlegende Skepsis – und vor allem eine verwirrende Rechtslage die Verwendung betreffend. Die Behörden scheinen nicht so recht zu wissen, wie sie Produkte mit Vitalpilzen einzuordnen haben – sind es jetzt Nahrungs- oder Nahrungsergänzungsmittel oder unterliegen sie womöglich sogar dem Betäubungsmittelgesetz?

Ich spreche aus Erfahrung, denn ich habe vor ein paar Jahren ein Startup gegründet, das Getränke mit Vitalpilzextrakten anbietet. Dafür braucht man starke Nerven – und gute Anwälte. Thema Abmahnungen: Eines unserer

EIN SEKUNDÄRER Fruchtkörper des Chagapilzes platzt förmlich aus der Birkenrinde heraus und sieht aus wie ein verbranntes Stück Kohle. In Wirklichkeit braucht ein Exemplar dieser Größe circa fünf Jahre zum Wachsen. Der eigentliche Pilz lebt im Inneren des Baumes.

REISHI WIRD in der traditionellen chinesischen Medizin als „Pilz der Unsterblichkeit“ bezeichnet. Seine gesundheitsfördernden Stoffe gewinnt man am besten durch Extraktion.

Produkte wurde gestoppt, weil der Pilz darin angeblich nicht für den Verkauf zugelassen war. Was die Dame vom Amt nicht verstand, war, dass wir für den Extrakt die Fruchtkörper verwenden und nicht das Myzel – dieses ist als „verboten" klassifiziert, warum auch immer. Dann muss man Aufklärung betreiben, bei Behörden, die es doch eigentlich besser wissen sollten, um ihren Aufgaben nachzukommen.

Also: Wie soll auch reguliert werden, was in den Institutionen nicht verstanden wird? Das mangelnde Wissen führt zu weiteren Problemen: Durch die fast willkürlich erscheinende Regulierung sind leider auch viele Produkte auf dem Markt, die absoluter Schrott sind – denn natürlich kommt das ein oder andere schwarze Schaf auf die Idee, mit einem Trend schnelles Geld zu machen. Wer weiß schon genau, was in einem feingemahlenen „Pilzpulver" noch so alles drin ist, geschweige denn, auf welchem Substrat die Pilze angebaut wurden? Wer prüft, wieviel von welchem Extrakt in welchem Produkt ist? Je mehr Vitalpilzprodukte es gibt, desto mehr wird sich dieses Wissen hoffentlich verbreiten.

Meine – und die Erfahrungen von Freunden – mit Vitalpilzen bestätigen ihre potenziellen Vorteile – regelmäßiger Chagakonsum hat schon so manche Grippe abgewehrt oder den Verlauf abgesoftet.
Auch die Forschung liefert immer mehr Erkenntnisse über die Wirksamkeit von Vitalpilzen. Aber Studien sind natürlich teuer und aufwändig, und die Pharmaindustrie hat kaum Interesse, diese in Auftrag zu geben. Denn Pilze sind nicht patentierbar und damit nicht lukrativ, Pillen lassen sich einfacher verkaufen. Für mich ist es keine Frage, ob Pilze uns grundlegend helfen können. Unsere heutigen Kenntnisse beruhen schließlich auf einem jahrtausendealten Wissen. Selbst Ötzi hatte Heilpilze bei sich.

Spätestens seit der Entdeckung von Penicillin im Jahre 1928 von Alexander Fleming sollte uns klar sein, dass das Reich der Pilze viele ungehobene Schätze bereithält. Wer weiß, welche pharmakologischen Schätze aus Pilzen noch in den Regenwäldern Südamerikas oder Asiens entdeckt werden können.

DIE BIG FIVE DER VITALPILZE

Die Vitalpilze Chaga *(Inonotus obliquus)*, Reishi *(Ganoderma lucidum)*, Cordyceps *(Cordyceps)*, Hericium *(Hericium)* und Schmetterlingstramete *(Trametes versicolor)* stehen derzeit im Mittelpunkt des weltweiten Interesses. Sie alle haben einzigartige Eigenschaften, die von der Stärkung des Immunsystems über die Verbesserung der Hautgesundheit bis hin zur Steigerung der körperlichen Leistungsfähigkeit reichen.

Wenn ihr euch auf die Suche nach Heilpilzprodukten macht, dann informiert euch erst einmal gut über deren Herkunft. Am wirksamsten sind sicher selbst gesammelte und extrahierte Pilze. Man kann aber auch getrost Vitalpilze kaufen – wenn sie denn unter nachvollziehbar guten Bedingungen gezüchtet wurden.

Was wirklich zählt, sind die Extrakte. Um an die wirksamen Stoffe zu kommen, müssen Pilze extrahiert werden. Dies geschieht entweder durch Auskochen (Wasserextraktion) oder durch Alkoholauszug. Man kann diese Verfahren auch kombinieren, dann spricht man von Dualextraktion. Diese Methoden sorgen dafür, dass das Beste aus den Pilzen herausholt wird.

„Superfines" sind keine Extrakte, sondern kleingemahlene Fruchtkörper. Diese muss dein Körper verdauen und aufspalten können. Ich bin generell skeptisch bei Pilzpulvern, die aus Superfines bestehen. Manchmal sind diese Produkte mit Füllstoffen gestreckt und bringen nicht die gewünschte Wirksamkeit mit. Daher setze ich lieber auf Produkte, die aus Extrakten bestehen, auch wenn sie in Kapselform oder als Gemisch daherkommen.

Außerdem sind Extrakte nebenwirkungsarm. Beispiel Reishi: Die Außenhaut besteht zu einem großen Teil aus Chitin (das ist der Stoff, aus dem Insektenpanzer sind). Chitin ist ein Polysaccharid. Es ist für den Menschen relativ schwer verdaulich, da es ohne die Hilfe bestimmter Enzyme oder Bakterien im Verdauungstrakt nicht abgebaut werden kann. Dies kann zu Magen-Darm-Problemen oder im Zweifel zu Schlimmerem führen. Es gibt auch Berichte über potenzielle gesundheitliche Risiken beim Konsum von Chaga-Pilzen, insbesondere in Bezug auf die Nieren, die nahelegen, dass es besser ist, Chaga lieber ausgekocht anstatt kleingemahlen zu sich zu nehmen. Die Gesundheitsrisiken durch Oxalate in Chaga sind aber vor allem für Menschen relevant, die sowieso zu Nierensteinen neigen oder bereits an Nierenerkrankungen oder Morbus Crohn leiden.

Fazit: Bei Heilpilzprodukten ist immer die Qualität entscheidend, guck auch aufs Kleingedruckte, oder fang mal damit an, einen selbst gesammelten Chaga auszukochen. Um Effekte zu spüren, sollte man Vitalpilze immer über mehrere Wochen konsumieren.

BIG #1: CHAGA *(INONOTUS OBLIQUUS)* DER KÖNIG

Chaga ist der unangefochtene König der Heilpilze. Der Geschmack ist nussig, erdig, lecker – erinnert vielleicht ein bisschen an schwarzen Tee, er ist einfach super gut.

Der Pilz wächst hauptsächlich auf Birken in kälteren Regionen der Welt und ist schon seit Jahrhunderten in der traditionellen Medizin Russlands und Nordeuropas bekannt. Er sieht aus wie ein Krebsgeschwür – und steht im Verdacht, Krebs eindämmen zu können. Zufall?

In Russland wurde er 1955 für die Verwendung gegen Krebs zugelassen. Und schon im zwölften Jahrhundert hat (Aufzeichnungen zufolge) ein Zar damit seinen Lippenkrebs behandelt – angeblich erfolgreich. Chaga ist berühmt für seine antioxidativen Eigenschaften. Er unterstützt das Immunsystem und hilft, Entzündungen einzudämmen. Chaga ist ein Meister darin, den Körper bei der Anpassung an Stress und Belastungen zu unterstützen. Chaga ist reich an Antioxidantien, speziell an Melanin, das ihm seine charakteristische dunkle Farbe verleiht. Diese helfen, Zellschäden durch freie Radikale zu verhindern. Chaga enthält zudem Beta-Glucane, die das Immunsystem stärken.

Chaga ist DER heiße Scheiß in Hollywood. Dort bekommt man ihn in jedem hippen Café, das etwas auf sich hält – schließlich soll er den Alterungsprozess verlangsamen und für gute Haut sorgen. In der Welt der Reichen und Schönen ist das natürlich der Bringer!

BIG #2: CORDYCEPS *(CORDYCEPS SINENSIS)* DER PERFORMER

Cordyceps ist vor allem bekannt als der Zombiepilz. Ihn selbst zu finden ist mir erst einmal gelungen – beim Pfifferlinge suchen! Die Fruchtkörper sind klitzeklein, deswegen ist es utopisch, sich in unseren Breiten selbst einen Vorrat zusammen zu klauben. Der Geschmack ist süßlich pilzig, sehr lecker. Manchmal kann man in sehr guten Asiamärkten Glück haben und ihn finden. Er kann nämlich sehr gut kultiviert werden. Alles andere wäre für den Markt auch schwer zu stemmen. Trotzdem gehört dieser Pilz zu den teuersten Speisepilzen der Welt.

Wer diesen Pilz konsumiert, verwandelt sich übrigens nicht in einen Untoten. Im Gegenteil: Cordyceps steht im Ruf, die Energie zu steigern und die körperliche Leistungsfähigkeit zu verbessern. Er ist deswegen besonders bei Sportlern beliebt. Ich selber nehme ihn regelmäßig, wenn ich es schaffe, Sport in meinen Alltag zu integrieren. Der Pilz hilft, die Sauerstoffaufnahme zu verbessern und die Ausdauer zu steigern. Cordyceps ist reich an Adenosin und anderen Nukleosiden, die die Energieproduktion auf zellulärer Ebene fördern.

Cordyceps wirkt zudem als Adaptogen, was bedeutet, dass er dem Körper hilft, sich besser an physische und psychische Belastungen anzupassen. Er unterstützt die Balance von Stresshormonen wie Cortisol. Kleiner Pilz ganz groß! Ein echter Booster also für alle, die körperlich aktiv sind, mehr Ausdauer wünschen und besser regenerieren wollen.

BIG #3: REISHI *(GANODERMA LUCIDUM)* DER RELAXTE

Weiter geht's mit Reishi, dem Pilz der Unsterblichkeit. In der traditionellen chinesischen Medizin wird er seit Jahrtausenden geschätzt. Reishi ist vor allem für seine beru-

DIE ORANGEROTE Puppenkernkeule ist das in unseren Breiten vorkommende Äquivalent zum „Zombiepilz" des tibetischen Hochlands. Sie wächst auf toten Insektenlarven, ist in unseren Breiten extrem selten und wegen ihrer geringen Größe wirklich sehr schwer zu finden.

HERICIUM INSPIRIERT zu vielen kreativen Namen: Im Französischen heißt er „Pom Pom Blanc“ (übersetzt „weiße Bommeln“), im Englischen „Lion's Mane“ (Löwenmähne). Auch mit der Form eines Gehirns wird er gerne verglichen und steht im Ruf, dieses zu stärken.

higende und ausgleichende Wirkung bekannt. Er kann wie alle hier beschriebenen Pilze das Immunsystem stärken, zur Entspannung beitragen und sogar den Schlaf verbessern, da er die Melatoninausschüttung anregt. Für alle, die im Sturm des Alltags eine ruhige Bucht suchen, ist Reishi der Ankerplatz. Der Geschmack ist ziemlich herb – Reishi ist sehr, sehr bitter. Ich mische mir Reishiextrakt immer in Kakao, das federt diesen bitteren Geschmack ganz gut ab.

——— Der Reishi, den es im Handel gibt, kommt zum größten Teil aus China. Deswegen würde ich unbedingt auf Bioqualität achten. Reishi ist bekannt für seinen hohen Gehalt an Triterpenen, die entzündungshemmende, antivirale und antiallergische Eigenschaften besitzen. Seine Inhaltsstoffe tragen dazu bei, den Blutdruck zu senken und zu entspannen. Polysaccharide unterstützen ebenfalls und wirken antioxidativ. Die adaptogenen Eigenschaften von Reishi helfen dem Körper, Stress und Schlafstörungen besser zu managen, indem sie das hormonelle Gleichgewicht beeinflussen und die nervliche Resilienz stärken.

——— Ich persönlich habe sehr gute Erfahrungen mit Reishi gemacht. Tatsächlich habe ich häufig mit Rastlosigkeit und schlechtem Schlaf zu kämpfen und bin daher dankbar, dass ich mit diesem Pilz ein Mittel gefunden habe, besser zu schlafen und entspannter aufzuwachen.

BIG #4: LION'S MANE *(HERICIUM ERINACEUS)* DER GEISTESBLITZER

——— Als Nächstes haben wir Lion's Mane, den Igelstachelbart. Der Pilz ist bei uns stark gefährdet und sollte nicht gesammelt werden, aber es gibt ihn in der Zuchtform sogar in gut sortierten Lebensmittelläden käuflich zu erwerben.

——— Und jetzt kommt der Knaller: Der Pilz sieht in manchen Wuchsstadien nicht nur aus wie ein Gehirn, er wird auch dafür gefeiert, dass er unseren Denkapparat optimieren kann. Daher wird er vermehrt in der Erforschung von Alzheimer unter die Lupe genommen, mit vielversprechenden Ergebnissen. Studien zeigen, dass Hericium das Wachstum von Nervenzellen fördern und zur Verbesserung kognitiver Leistungen beitragen kann. Die einzigartigen Verbindungen in Lion's Mane, wie Hericenone und Erinacine, fördern dieses Wachstum und die Reparatur von Nervenzellen. Diese Stoffe haben neuroprotektive Eigenschaften und können die Bildung von Nervenwachstumsfaktoren stimulieren. Lion's Mane unterstützt so die Gehirngesundheit und kann gegen altersbedingte Gedächtnisverluste wirken. Der Pilz hat übrigens als „Pom Pom Blanc" (was der französische Name ist) in der gehobenen Gastronomie einen festen Platz, er ist nämlich einer, der auch noch gut schmeckt.

BIG #5: SCHMETTERLINGSTRAMETE *(TRAMETES VERSICOLOR)* DIE BUNTE HEILERIN

——— Zu guter Letzt haben wir die Schmetterlingstramete, auch bekannt als Turkey Tail. Diese erinnert an das Schwanzgefieder von Truthähnen. Ihr Farbspektrum reicht von blau bis braun. Sie ist ein weiteres Kraftpaket für das Immunsystem. Angeblich hat Paul Stamets – der amerikanische Pilzguru – damit sogar den Brustkrebs seiner Mutter geheilt. Ich bin bei solchen Stories immer etwas skeptisch, aber dass der Pilz unsere Gesundheit unterstützt, ist sicher kein Märchen.

——— Die Schmetterlingstramete ist besonders reich an den Polysacchariden K (PSK) und P (PSP), Stoffe, die die Aktivität von Immunzellen wie Makrophagen und Lymphozyten fördern und die Produktion von Zytokinen, die für die Immunantwort wichtig sind, anregen und fördern.

——— Das macht die Schmetterlingstramete zu einem wertvollen Begleiter in der komplementären Krebstherapie. Schmetterlingstrameten sind in unseren Breiten sehr leicht an Totholz von Laubbäumen zu finden. Die Tramete ist zäh wie Leder und schmeckt angenehm pilzig, an Champignons erinnernd. Man kann sie also wunderbar als Geschmacksgeber für Pilzsoßen nehmen und tut sich dabei noch etwas Gutes.

Art-porträts

Dieses Buch möchte kein vollwertiges Bestimmungsbuch ersetzen. Vielmehr sollen die vorgestellten Pilze dazu inspirieren, dich mit der Pilzbestimmung zu beschäftigen und dir einen kleinen Einblick in die Vielfalt von Arten geben, die es sich zu sammeln lohnt. Ich lasse dabei meine persönlichen Erfahrungen mit einfließen.

Die Speisemorchel – die Entdeckung der Langsamkeit

MORCHELLA ESCULENTA

Für kaum einen anderen Pilz habe ich derart viele Kilometer zurückgelegt wie für diese Delikatesse. Morcheln gehören zu den begehrtesten und teuersten Speisepilzen der Welt. Wer sie finden will, muss bereit sein, Opfer zu bringen und sich die Hacken wund zu laufen, bis es weh tut – um dann noch ein Stück weiter gehen zu müssen! Die Morchel lehrt uns Demut und zeigt uns, dass wir nicht immer alles haben können.

IN UNSEREN Gefilden beinhaltet die Gattung der Morcheln verschiedene Arten: Dazu gehören die Speisemorchel *(Morchella esculenta)* inklusive der Grauen Speisemorchel *(Morchella vulgaris)*, die Käppchenmorchel *(Morchella semilibera)*, die Spitzmorchel *(Morchella elata)*, die Dickfüßige Speisemorchel *(Morchella crassipes)*, die Verpel *(Verpa)*, die Böhmische Verpel *(Verpa bohemica)* und auch der Morchelbecherling *(Disciotis)*, allesamt hervorragende Speisepilze. Es wurden schon ganze Bücher über diese Delikatessen und die anspruchsvolle Suche nach ihnen geschrieben, denn die ist wirklich nicht ganz einfach. Man verzweifelt leicht, wenn man nach den ersten Kilometern Fußmarsch durch sumpfige Auwälder und strauchigen Bodenbewuchs nichts findet, aber nicht aufgeben! Dranbleiben und weitermachen.

DIE REGELN MACHT DER PILZ

Wer Morcheln finden will, muss leiden. Das ist das ungeschriebene Gesetz, und so ziemlich das einzige, an das sich die Morchel hält. Du wirst sie finden. Es ist eine Frage der Geduld. Sie zeigt sich dir erst, wenn du komplett am Ende bist, entkräftet, bereit zur Kapitulation. Wenn du genug hast und zwangsweise langsam wirst. Akzeptiere das, es gibt keinen anderen Weg, und genau das ist der Schlüssel zum Erfolg. Mache so langsam, wie es dir möglich ist. Verweile. Schaue dich um. Bind' dir den Schuh, hock' dich hin. Das will die Morchel. Sie zwingt dich genau dafür in die Knie! Sie will gefunden werden, remember?! Solltest du dann irgendwann in den Genuss kommen: Morchelspots sollte man sich dringend in der Karten-App sichern und hüten wie einen Schatz. Ich bin wahrlich nicht stingy, ich teile gern und habe schon die heiligsten Steinpilz- oder Pfifferlingsspots verschenkt ... Wer aber um die Strapazen weiß, was es heißt, sich Morcheln zu erarbeiten, wird mir zustimmen und wahrscheinlich genauso fühlen.

Die Morchelsuche gleicht einem Rantasten, einem Kombinieren, einem langwierigen Geduls- und Puzzlespiel, bei dem alle Teile ineinandergreifen müssen, um am Ende vielleicht doch nicht zu funktionieren. Es ist schon fast lächerlich, was man bereit sein muss, sich anzutun, um den „heiligen Gral" der Speisepilze zu finden und das womöglich Jahre in Folge..

Ich bin letztes Jahr ein paar Hundert Kilometer in den Süden gefahren, um die richtigen Bedingungen vorzufinden und mich der Morchelsuche hinzugeben. Ich hatte mir eine Woche gegeben und fuhr erst in den Raum Karlsruhe und dann Richtung München – fest entschlossen, alle bei uns ansässigen Arten zu finden. Mit der Hilfe einiger guter Freunde wurde dies dann tatsächlich möglich. Einzig und allein die Speisemorchel (die gelbe) zeigte sich uns nicht. Und wie es immer so ist mit Murphy's Law: Als ich zuhause angekommen war, schickten mir meine Jungs Fotos von unzähligen absurd riesigen Exemplaren, die sie quasi direkt nach meiner Abreise fanden. Ich hab es ihnen von Herzen gegönnt, auch wenn ein Auge ganz leise tränte. Aber es gab auch für mich noch ein Happy End. Wiederum eine Woche später war ich in der Uckermark, um mir einen wunderschönen alten Gartenhof anzuschauen, mit dem ich zukünftig zusammenarbeiten und Retreats geben will – und siehe da. Unter der Schaukel im alten Obstgarten standen sie. In üppiger Zahl und stattlicher Größe. Wir konnten mit einem Schlag einen Korb mit Monstermorcheln füllen und genossen sie im Nachgang in einem gusseisernen Topf überm Feuer mit Whiskey abgelöscht und flambiert. Endgeil!

DAS GLÜCK, DIREKT VOR DER NASE

An dieser Stelle sei erwähnt, das wir davor circa drei Stunden durch die benachbarten Wälder und Wiesen getigert sind, um die begehrte Morchel zu suchen, natürlich ohne Erfolg. Umso größer war die Freude, dass das eigene Grundstück die Prachtexemplare beheimatet.

Wenn man Morcheln finden will, muss man sich gut informieren. So sind vor allem Witterung und Niederschlagsmengen neben Habitat und den richtigen Bodenverhältnissen (Kalk) die wichtigsten Faktoren, die es abzuchecken gilt. Und selbst, wenn man sich all das zu Herzen nimmt, ist das keine Garantie.

Man muss erst dem Wahnsinn nahe sein, um Morcheln zu finden. Umso größer ist dann aber die Freude über jeden Fund.

DER ENDGEGNER. Schwer zu finden ist untertrieben. Die Speisemorchel versteckt sich gekonnt zwischen altem Fallobst auf Obstwiesen oder der Laubstreu im Auwald.

ESCULENTA, „DIE ESSBARE". Im Namen steckt bereits der Hinweis auf die Essbarkeit. Von außen sieht sie aus wie ein Alien, von innen wie ein Kristall oder das Funkeln des Universums. Ein ziemlich besonderes Lebewesen, dieser Pilz!

Die Morchel zeigt sich bereits im Frühjahr. Wenn die Temperaturen es zulassen, ist sie schon ab Mitte März zu finden. Das Thermometer sollte schon auf 15 Grad Celcius gestiegen sein, vorher ist es ihr zu kalt. Dann sollte es feucht genug sein, sonst kommt man gar nicht erst ins Geschäft. Wenn diese Parameter stimmen, hat man die Wahl für die Suche: In einem Auwald, in dem Eschen vorkommen (erstmal finden!), im Garten der Nachbarn (Obacht!) oder auf alten, möglichst mageren (das heißt: nicht überdüngten und damit eher raren) Streuobstwiesen, die am besten auf Kalk wachsen.

Man kann natürlich auch Parks, Grünanlagen oder Rindenmulch-Beete ansteuern (hier würden dann eher Spitzmorcheln auf dich warten). Aber am Ende stehen die Morcheln sowieso wo sie wollen und wo wir sie nicht vermutet hätten. Mögliche Fundorte gibt es viele und die Gattung zum Glück groß genug, dass es immer wieder Zufallsfunde geben kann. Und alle Morcheln mögen nährstoffarme Bedingungen. Alle leben als Folgezersetzer und mögen es karg, um sich zu entfalten. So kann man sie auch auf alten Brandstellen oder Holzlagerstätten finden, ebenso an den Rändern von geschütteten Forstwegen, aber niemals auf gedüngten Böden.

Auch gibt es bestimmte Zeigerpflanzen, die uns verraten, dass am Standort ideale Parameter herrschen – so Schlüsselblumen, Schneeglöckchen, Maiglöckchen, Bärlauch, Pestwurz oder junge Walderdbeeren. Viele Weinbergschnecken sind auch ein gutes Zeichen, denn sie wissen Kalk zur Bildung ihres Häuschens zu schätzen.

STECKBRIEF

AUSSEHEN:

- Hut: 3–12 cm (in Ausnahmen bis zu 20 cm) hoch, hellgelb bis graubraun oder grau, beige, braun. Wabenartige Struktur, rundlich oder zugespitzt, innen hohl.
- Stiel: weiß, cremefarben oder hell, nach oben verjüngt und innen hohl, mit kleinen Dellen oder Beulen, kein Ring.

GERUCH:

- Sehr angenehm würzig, pilzig. Hat viel Tiefe.

SPORENPULVER:

- Cremefarben (Hellsporer)

VERBREITUNG UND VORKOMMEN:

- Frühjahr, März bis Mai/Juni.
- Saprobiont, also Zersetzer von Streu und Pflanzenresten. Die Meinungen gehen auseinander, ob der Pilz auch in Symbiose wächst, weil er an bestimmten Bäumen anzutreffen ist (Eschen im Auwald, Obstbäume auf alten, ungedüngten Streuobstwiesen).

WISSENSWERTES:

- Enthält Giftstoffe, die sich beim Kochen aber verflüchtigen. Daher Morcheln immer gut durchgaren, dabei die Ausdünstungen möglichst nicht einantmen. Manche Menschen vertragen Morcheln generell nicht und können am Morchella-Syndrom leiden. Das geht mit Übelkeit, Schwindel oder sogar Krampfanfällen und Halluzinationen einher. Das Syndrom ist noch wenig erforscht. Die Giftstoffe sollen sich beim Dörren jedoch abbauen.

VERWECHSLUNGSGEFAHR:

- Andere Morchelarten wie Spitz- oder Käppchenmorchel (*Morchella elata* und *Morchella semilibera*), Böhmische Verpel (*Verpa bohemica*) – alle essbar.
- Die Frühjahrs-Giftlorchel (*Gyromitra esculenta*) ist tödlich giftig, hat aber einen deutlich unregelmäßigeren Hut.

Der Maipilz – der Frühjahrsmagier

CALOCYBE GAMBOSA

Von Anfang April bis Mitte Mai kann man den Maipilz (auch Mai- oder Georgsritterling genannt) finden. Er zeigt sich gerne in sogenannten Hexenringen und ist in seiner Standortwahl recht anspruchslos, man kann ihm quasi überall begegnen. Häufig findet man ihn an grasigen Waldrändern, in lichten Laubwäldern und besonders unter Streuobst auf naturbelassenen Wiesen – allerdings nicht überall in Deutschland.

kommt übrigens fast zur gleichen Jahreszeit vor wie die Morcheln. Er ist ein versöhnliches Trostpflaster, wenn man es mal wieder nicht geschafft hat, den Endgegner – die Morchel – zu besiegen. Er ist ein Geschenk des Frühlings, wenn die Temperaturen endlich über die 15 Grad Marke geklettert sind, die Sonne wieder Kraft hat, die Vögel zwitschern und der Bärlauch sprießt, erscheint er an manchen Orten gerne in Hülle und Fülle – oft als Hexenring. Als Hexen- oder Feenringe werden runde Wuchsbilder von Pilzfruchtkörpern bezeichnet. Diese entstehen, wenn das Myzel eines Pilzes gleichmäßig in alle Richtungen wächst. Bei Mairitterlingen ist das häufig der Fall. Der Pilz ist ein Folgezersetzer und verstoffwechselt das, was er in seiner Umgebung findet.

DIE HERREN DER RINGE

Mit der Zeit, wenn sich die Nährstoffe im Boden erschöpfen, stirbt das Myzel dort ab, wo es nichts mehr zu holen gibt, und breitet sich kreisförmig weiter aus. Zurück bleibt eine ringförmige Struktur aus Fruchtkörpern, bekannt als Hexenring. Die Fruchtkörper des Pilzes, die den Ring bilden, gehören also alle zu ein und demselben Organismus. Der Name Hexenring geht auf den altertümlichen Volksglauben zurück, dass die Kreise Versammlungsorte von Hexen oder Feen waren: Betreten natürlich strengstens verboten.

Wir können uns diese Magie zunutze machen und Mairitterlinge vom All aus suchen. Also quasi. Natürlich müssen wir dafür nicht in den Weltraum reisen, es reicht, das Smartphone in die Hand zu nehmen und auf der Karten-App richtig nah ranzuzoomen. So kann man bequem auf dem Sofa sitzen und nach potenziellen Spots suchen, denn Hexenringe sieht man tatsächlich auf den Satellitenbildern der Apps. Zumindest theoretisch – und wenn man eine ungefähre Ahnung hat, wo sie vorkommen können. Das Ganze ist natürlich zeitaufwendig ohne Ende und bedeutet massig Screentime – was man beim Pilze sammeln ja eigentlich vermeiden will. Aber es geht.

Das Gras ist an den Stellen, an denen Maipilze wachsen, deutlich dunkler und satter, bei voller Zoomstufe kann man tatsächlich dunkelgrüne Ringe auf hellgrünem Gras ausmachen. Das Myzel reichert den Boden nämlich dort, wo es aktiv ist, mit Stickstoff an, was wie Dünger auf die Pflanzen wirkt und sie höher und stärker wachsen lässt als das Gras in der Umgebung.

Wem das zu technisch ist, der kann natürlich wie gewohnt und ins Blaue losstiefeln und sein Glück probieren. Maipilze lassen sich auf Wiesen, in Parks, in Laub- oder Auwäldern finden, auf kalkreichem Boden. Es lohnt sich, an grasigen Rändern von geschütteten Waldwegen zu schauen, da diese oft viel Kalk enthalten.

Ich habe Maipilze schon an diversen Orten gefunden, an denen ich nicht mit ihnen gerechnet hätte. Ein Spot, den ich kenne, liegt auf einem Friedhof, zwischen uralten Gräbern auf einem Rasenstück. Mein Aberglaube verbietet es mir jedoch, diese jemals mitzunehmen, irgendwie spookt mich der Gedanke, dass die Pilze auf den verwesten Körpern irgendwelcher Menschen wachsen, Kreislauf der Natur hin oder her.

RIECHT ANDERS ALS ER SCHMECKT

Wer fündig wird, der darf sich freuen, denn für die Bestimmung hat der Pilz noch ein lustiges Feature parat. Die Fruchtkörper des Mairitterlings riechen deutlich nach Gurke oder nassem Mehl. Am besten riecht man das, wenn man einen Pilz in der Hand zerreibt. Der Geruch verfliegt beim weiteren Zubereiten, gebraten schmeckt der Pilz alles andere als gurkig oder mehlig. Er ist aber ein sicherer Indikator, dass man es mit dem Objekt der Begierde zu tun hat, und sollte unbedingt wahrgenommen werden.

Die potenziellen Verwechslungspartner des Maipilzes haben es nämlich in sich, der Ziegelrote Risspilz *(Inocybe erubescens)* beispielsweise ist tödlich giftig. Generell sollte man als Anfänger weiße Pilze nur mit äußerster Vorsicht sammeln und dreifach checken (lassen). Es gibt sehr viele tödlich giftige Pilze, die farblos sind. Und überhaupt sind Pilze mit Lamellen nicht für ganz blutige Anfänger geeignet.

Neben der Morchel ist der Maipilz der Frühjahrsbote unter den Pilzen – allein deshalb muss man ihn lieben.

GUT VERSTECKT wächst der Mairitterling hier im Gras einer alten Streuobstwiese. Er bildet meistens sehr viele Fruchtkörper im Hexenring aus, sodass sich der Sammelkorb zum Glück schnell füllen lässt.

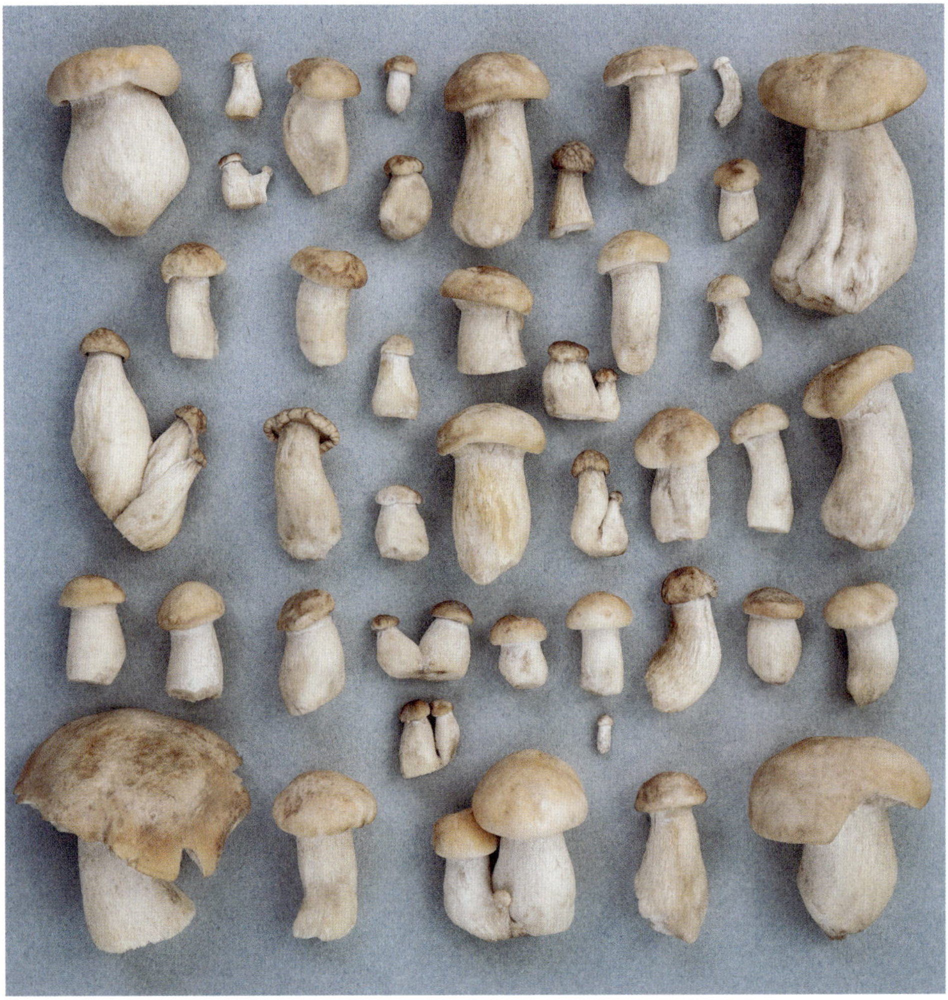

STATTLICHER FUND: Diese Exemplare fand ich alle auf einen Schlag innerhalb, sie waren alle Teil eines einzigen Hexenrings. Ist es nicht toll, wie unterschiedlich Pilze ein und derselben Art aussehen können?

LIEBER ÖFTER MAL VERZICHTEN

Daher wie immer „better safe than sorry", wenn man sich nicht zu 100 Prozent sicher ist: Finger davonlassen.

Ich habe mich zum Glück und aufgrund der strengen Einhaltung dieser Regel noch nie vergiftet. Einmal aber war ich ganz knapp davor, oder zumindest meinte ich das. Ich hatte zum zweiten Mal in meinem Leben Maipilze gefunden. Sie rochen auch nach Gurke, und alle Parameter stimmten soweit. Doch hier blieben Restzweifel. Trotzdem wagte ich mich dran und verspeiste ein paar Exemplare. Danach ging es los in meinem Kopf. Waren das wirklich Maipilze? War der Geruch nicht eher süßlich statt gurkig? Was, wenn? Ich rannte aufs Klo und steckte mir den Finger in den Hals (was man übrigens nie machen sollte, da Erbrochenes in die Lunge gelangen kann). Ich würgte und würgte, aber es funktionierte nicht, das Einzige, was geschah, war, dass mir mein Kopf fast platzte und meine Augen beinahe aus dem Kopf ploppten. Noch zwei Wochen nach diesem Vorfall (es waren wirklich Maipilze) hatte ich mit „bloodshot eyes" zu kämpfen und sah aus, als käme ich frisch aus einem Coffeeshop. Peinlich, da ich in den Tagen drauf an einem Familienfest teilnahm und die ganze Verwandschaft dachte, ich sei bekifft. Nach unzähligen Erklärungen konnte ich das zwar aufklären, trotzdem war ich das ganze Wochenende Objekt des Spottes und wurde ausgelacht – der große Pilzexperte schliddert am Tod vorbei und probiert Pilze, die er nicht zu 100 Prozent bestimmen kann? Lächerlich!

Diese Erfahrung sollte mir also eine Lehre sein, auch wenn ich mit einem blauen Auge, oder besser gesagt zwei roten Augen, davon gekommen bin. Keine Vergiftung aber ordentlich head-fuck. I payed my price!

STECKBRIEF

AUSSEHEN:

- Hut: cremeweiß, elfenbeinfarben, hellgrau, dickfleischig, kompakt. Hutrand lange eingerollt. Hüte manchmal hygrophan (durch Wassereinlagerung verursachte Andersfarbigkeit am Hutrand). Hat der Pilz einen gelben Hut, wird er gern als Gelber Schönkopf (*Calocybe gambosa var. Flavida*) bezeichnet, eine Varietät des Maipilzes.
- Stiel: ringlos, weiß, kompakt, stabil, faserig brechend.
- Lamellen: engstehend, weiß, cremefarben, ausgebuchtet am Stiel angewachsen (mit „Burggraben!).

GERUCH:

- Nach Gurke, feuchtem Mehl.

SPORENPULVER:

- Weiß (Hellsporer).

VERBREITUNG UND VORKOMMEN:

- Regional sehr unterschiedlich.
- April bis Juni in Laub-, Au- und Mischwäldern, auf Wiesen, in Parks, Gärten oder Obstwiesen.

WISSENSWERTES:

- Gilt als Vitalpilz in der chinesischen Medizin, soll blutzuckersenkende Wirkung haben.

VERWECHSLUNGSGEFAHR:

- Ziegelroter Risspilz *(Inocybe erubescens)*, tödlich giftig, rötet bei Verletzung.
- Riesenrötling *(Entoloma sinuatum)*, giftig.
- Schlehenrötling *(Entoloma sepium)*, essbar.

Der echte Pfifferling – das gelbe Gold des Waldes

CANTHARELLUS CIBARIUS

Pfifferlinge gehören zu den Klassikern der Pilzküche. Kaum ein anderer Pilz ist so populär und in so vielen Küchen zuhause, wie er. Doch wusstest du, dass er mehr kann, als nur gut schmecken? Er ist ein Vitalpilz, der Stoffe enthält, die antiviral, antioxidativ, krebshemmend und antibiotisch wirken sollen. Außerdem haben Pfifferlinge einen hohen Vitamin- und Mineraliengehalt, sind also echt gesund. Noch ein Grund, sie zu sammeln!

nur selbst gesammelte Pilze, das ist schließlich Ehrensache. Wenn ich sehe, was im Supermarkt an „frischen Pilzen“ verkauft wird, dann wird mir meistens ganz anders und das unterstreicht nochmal, warum ich Pilze nicht kaufe. Was mich da teilweise aus den Gemüseauslagen anlacht, ist, gelinde gesagt, eine Frechheit. Selbst Zuchtpilze mit Schimmelbefall werden verkauft, aber bei Pfifferlingen ist es wirklich am schlimmsten. Von einer 250g-Schale kann man meist die Hälfte wegschmeißen, wegen Gammel-Alarm. Die andere Hälfte macht dann geputzt ungefähr noch ein Drittel der ursprünglichen Packung aus, da sag ich gerne „Nee, lass mal“. Und wir haben noch nicht darüber gesprochen, wo die Dinger herkommen, geschweige denn, was sie an Weg hinter sich haben, bis sie bei uns im Regal stehen.

EIN UNGEZÄHMTER WILDPILZ

Pfifferlinge können – zum Glück – nicht kultiviert werden. Allein das macht sie zu einem Objekt der Begierde. Sie sind auch nicht immer verfügbar, sondern treten saisonal auf, was sie noch begehrter macht. Aber sie wachsen theoretisch von Frühjahr bis in den Spätherbst, und das recht zuverlässig. Also immer mit der Ruhe, wer sie genießen will, hat gute Chancen und sollte sich meiner Meinung nach in den Wald begeben und sie selber suchen.

Die bei uns angebotenen Pilze kommen meistens aus der Ukraine oder aus Weißrussland. Kein Mensch kontrolliert, unter welchen Bedingungen sie dort gesammelt werden, ob dies nachhaltig geschieht und wie die Arbeitsbedingungen der Menschen sind, die sie für uns aus den Wäldern holen. Es ist zwar reine Spekulation, aber ich glaube unterm Strich stimmt es, wenn ich sage: Nicht so toll. Außerdem sind die Böden in den Herkunftsländern zum Teil noch stark radioaktiv belastet, von anderen Umwelteinflüssen ganz zu schweigen. Ich habe keine Lust auf belastete Gammelpilze aus der Kühltheke, und so bevorzuge ich es, Pfifferlinge lieber selber sammeln zu gehen.

LIEBER SELBER ERNTEN

Das Schöne am Pfifferling ist, dass seine Plätze ziemlich zuverlässig abliefern – hat man sie einmal gefunden. Denn der Pilz bildet eigentlich jedes Jahr Fruchtkörper aus – was man nicht bei allen Arten sagen kann. Die Menge kann allerdings ganz schön variieren, von eher kläglichen Jahren bis zu wahren Pfifferlings-Schwemmen. Pfifferlinge haben ein recht empfindliches Myzel. Um sie jedes Jahr ernten zu können und keine Schäden zu hinterlassen, ist es superwichtig, dass man die Löcher, aus denen man die Fruchtkörper entnommen hat, wieder verschließt, um das Myzel vor Licht und Trockenheit zu schützen.

MEHR ALS EINEN PFIFFERLING WERT

Lange Zeit habe ich diesem wunderbaren Pilz keine Beachtung geschenkt – vielleicht war er mir einfach zu Mainstream oder ich war durch Erfahrungen mit Supermarktpfifferlingen derart abgetörnt, dass ich ihm nur einen höchstens mittelguten Geschmack zugetraut habe. Wie ignorant das von mir war!

Der Pfifferling ist nämlich zweifelsohne einer der besten Speisepilze, die wir hierzulande haben. Die Suche nach ihm gleicht einer Schatzsuche, und sie macht einen riesengroßen Spaß. Wenn man einen findet, sind die anderen meist nicht weit, und so kann es passieren, dass man plötzlich eine ganze Goldader mit Hunderten von Exemplaren aufspürt. Frische Pfifferlinge aus dem Wald sind knackig und fest. Sie haben mit den Matschklumpen, die es zu kaufen gibt, wirklich wenig gemein. Der charakteristische, obstartige Geruch: eine Wonne. Der Geschmack: vorzüglich, nicht nur als Beilage zu Wild.

Ich liebe es, Pilze nur mit Butter anzubraten, dazu ein Stück frischen Brotes: Mehr braucht es in der Regel gar nicht. Ein fast ebenso einfaches Gericht mit Pfifferlingen ist eine Pasta-Soße mit Schalotten, wenig Knoblauch und frischer Petersilie. Abgelöscht mit einem Schluck Sahne, serviert mit Hartkäse.

Schon der Anblick von den gelb leuchtenden Fruchtkörpern macht vergnügt.

KEIN VERGLEICH zu gammeligen Fruchtkörpern aus dem Supermarkt: Frische Pfifferlinge sind knackig und betören mit einem obstigen Geruch, der an Aprikosen erinnert. Draußen zubereitet schmecken sie am besten.

ECHTER PFIFFERLING: 1) Das Fleisch im Inneren ist weißlich. 2) Die Leisten laufen weit am Stiel herab. 3) Leisten sind „gegabelt“ und adrig verbunden. 4) Der Hut ist trichterförmig.

IM LAND DES ÜBERFLUSSES

——— Ich war mal in Norwegen unterwegs und dort wachsen Pfifferlinge teilweise wie bescheuert. Ich fand eine Goldader und machte mir den Korb randvoll, nur um zuhause festzustellen, dass das vielleicht nicht die beste Idee war. Wir waren zu acht, und alle hatten Hunger, aber das Putzen blieb an mir hängen. Seitdem weiß ich, wie wichtig und zeitsparend es ist, Pilze an Ort und Stelle im Wald zu putzen. Beim Suchen kann man das super nebenbei machen, während man sich nach anderen Exemplaren umschaut. Einfach nebenbei Baumnadeln, Moos-Fitzel und Erde abzupfen und im Wald lassen, dabei einen Pinsel oder eine kleine Bürste benutzen, ist schlau. In den Korb wandern dann nur schon recht saubere Pilze, die sich nicht noch zusätzlich gegenseitig verdrecken. Zuhause kann man dann etwas nachputzen und sofort mit dem Kochen beginnen. Dem war in meinem Falle nicht so. Bis spät abends saß ich da und putzte die Pilze, bis ich irgendwann die Idee hatte, dafür meine elektrische Zahnbürste zu nutzen. Ein echter Gamechanger und mein Geheimtipp! Falls du auch mal zu gierig oder zu faul warst, im Wald zu putzen: Damit geht es einigermaßen schnell.

——— Pfifferlinge kann man übrigens zur Not auch mal mit Wasser abspülen und auf einem Küchentuch trocknen lassen. Sie saugen sich nicht so mit Wasser voll, wie es andere Pilze tun.

STECKBRIEF

AUSSEHEN:

> Fruchtkörper: 2–10 cm, leuchtend gelb, eidottergelb, welliger Hut, der im Alter trichterförmig wird, Hutränder oft lange eingerollt.
> Stiel: gelb, fest, ringlos. Innen weiß, niemals gelborange (Falscher Pfifferling).
> Leisten: Am Stiel herablaufend, mit Gabelungen und kleinen Querverbindungen, adrig, fest mit dem Fleisch verwachsen.

GERUCH:

> Obstartig, angenehm, leicht süsslich-pilzig.

SPORENPULVER:

> Weiß (Hellsporer).

VERBREITUNG UND VORKOMMEN:

> Frühjahr bis Spätherbst.
> Symbiosepilz, Laub- und Nadelwald, auf nährstoffarmen Böden, feuchtigkeitsliebend.

WISSENSWERTES:

> Vitalpilz, antioxidativ, immunstärkend.

SPEISEWERT:

> Guter Mischpilz.

VERWECHSLUNGSGEFAHR:

> Falscher Pfifferling *(Hygrophoropsis aurantiaca)*. Dieser hat allerdings Lamellen, die sich im Gegensatz zu den sogenannten Leisten des Pfifferlings vom Hut lösen lassen.

Der Sommersteinpilz – die Umami-Bombe

BOLETUS AESTIVALIS

Im Sommer denken die wenigsten Menschen an Pilze. Schon gar nicht an Steinpilze. Die Hauptsaison startet bekanntlich im Herbst, und trotzdem lassen sich schon in den warmen Monaten wunderbar die Körbe mit Delikatessen füllen, bevor es überhaupt irgendwer mitbekommt. Die Wälder sind in diesen Monaten eher von Mücken als von Menschen bevölkert. Das ist gut, denn dann können wir in Ruhe Steinpilze finden …

SEIT EIN PAAR Jahren habe ich die Stadt hinter mir gelassen und wohne am Rande von Berlin in einem kleinen Örtchen, das die Eiche im Namen trägt. Umgeben von zahlreichen Seen und Wäldern habe ich meinen Platz gefunden und der Natur den Raum in meinem Leben gegeben, den wir beide verdienen. Nur wenige Minuten Fußweg von meinem Haus entfernt erstreckt sich mein „Hauswald", ein Kiefernwald, der von vereinzelten Eichen und Buchen durchsetzt ist. Ich habe es mir zum Ritual gemacht, morgens eine kleine Runde zu drehen und nach „meinen" Pilzen zu schauen. Mittlerweile kenne ich die Ecken und Stellen, an denen mich die Leckerbissen erwarten, und so gibt es Zeiten, da muss ich nur kurz zum Wald gehen und mein Abendessen einsammeln.

DURSTSTRECKEN

Es gibt aber auch andere Zeiten – Durststrecken, in denen außer Mückenschwärmen und ein paar alten Porlingen nichts zu finden ist. Die Berliner Sommer der letzten Jahre waren sehr trocken. Zu trocken. Sie waren die trockensten Sommer seit Beginn der Wetteraufzeichnungen. Und wo kein Wasser, da keine Pilze, so einfach ist das. Also machte ich schwere Zeiten durch. Ich ging trotzdem in den Wald, bereit, mich zerstechen zu lassen und Zecken einzusammeln – die Hoffnung stirbt ja bekanntlich zuletzt. Doch es war nichts zu machen. Der Boden: eine staubige Schicht Wüstensand, das Gras verdorrt und die Bäume am Ächzen. So war es in den letzten Jahren häufig. Ewiges Warten auf Regen, Verzweiflung und die Sorge, es könnte mit den fetten Jahren endgültig vorbei sein.

Bis zu dem einen Sommer, als der Himmel seine Schleusen öffnete und es wochenlang regnete. Während die Badegäste am See ihren Sommerurlaub eher nass als warm erlebten und darüber nicht besonders happy waren, spürte ich eine stetig wachsende Vorfreude in mir. Es war, als ob die Pilze nur darauf gewartet hätten, endlich aus dem Boden zu schießen zu können. Ein paar Tage nach den ausgiebigen Regenfällen wurde meine Geduld dann auch belohnt. Auf einer Fläche von nur etwa zehn Quadratmetern entdeckte ich unter den Eichen rund 20 stolze Exemplare des Sommersteinpilzes in allen erdenklichen Größen. Sie wuchsen direkt am Wegesrand und machten keinerlei Anstalten, sich zu verstecken. Es war paradiesisch. Wohin ich mich auch drehte, überall standen sie in kleinen Grüppchen und warteten förmlich darauf, mitgenommen zu werden. Der Duft von nussigen Pilzen und einem Hauch von Käse erfüllte die Luft – ein olfaktorisches Fest.

AM TAG ALS DER REGEN KAM

Zwar waren mehr als die Hälfte der Pilze von Maden befallen, doch dieser Fund bestätigte meine Strategie, gezielt Eichen im Mischwald aufzusuchen.

Sowieso habe ich mich mit den Maden nicht so wie manch anderer. Wenn die Pilze noch wirklich knackig und fest sind, drücke ich auch mal ein Auge zu und haue mir die extra Portion Protein einfach mit in die Pfanne. Mag für einige eklig sein, ich finde es nicht dramatisch. Wichtig ist nur, dass die Pilze noch nicht dabei sind, sich in Wohlgefallen aufzulösen. Im Gegensatz zu matschigen und überständigen Exemplaren eignen sich diese (vorausgesetzt, sie sind stabil) dann auch noch gut zum Dörren. Die Maden verlassen bei Saunatemperaturen ihr Zuhause und fallen einfach heraus. Im Dörrgerät hat man dann nach dem Trockenvorgang am Boden eine kleine Schicht getrocknetes Madenpulver, das man einfach aus dem Automaten schüttelt.

Mein morgendliches Ritual, die Ecken an denen sie wuchsen regelmäßig zu inspizieren, wurde zu meinem kleinen Sommertagstraum. Von Juli bis Oktober konnte ich fortan an den immer gleichen Stellen meine Ernte einfahren und halte es so bis heute.

In einem etwas skurrilen Experiment transportierte ich sogar einmal zwei Wochen lang täglich 20 Liter Wasser in Gießkannen in den Wald und goss meine Hotspots, da es mal wieder einer dieser trockenen Sommer war und Regen seit Wochen fehlte. Ich war der festen Überzeugung, dass der Versuch klappen würde und bin auch jetzt noch der Meinung, dass es ge-

Es hat schon seinen Grund, warum Steinpilze so beliebt sind. Sie sind für viele der Einstieg in die Welt der Pilze.

VOR DER EIGENEN HAUSTÜR: Keine fünf Minuten von meinem Haus entfernt kann ich mich im Sommer mit Sommersteinpilzen versorgen. Die Überraschung darüber, wie schnell und zahlreich sie bei guten Bedingungen nachwachsen, ist trotzdem jedesmal groß.

EIN GESCHENK DES HIMMELS: Nach ein paar Tagen mit Regen lassen sich solch große Fruchtkörper regelmäßig finden. Die leckeren Umami-Bomben sind aber auch bei Schnecken und anderen Tieren äußerst beliebt, so dass man sich beeilen muss, vor ihnen da zu sein.

klappt hätte, doch nach 14 Tagen endete mein Experiment abrupt. Es regnete endlich wieder. Wenige Tage später erschienen die Eichensteinpilze dann wieder von selbst, als hätte die Natur meinen persönlichen Einsatz belohnt.

IN DER KULINARISCHEN OBERLIGA

Der Sommersteinpilz bildet teilweise riesige Fruchtkörper aus und wächst gerne in kleinen Grüppchen, so dass man sich glücklich schätzen kann, wenn man im Wald fündig wird. Er ist meiner Meinung nach geschmacklich noch etwas derber als der Fichtensteinpilz. Und das Schönste: Man kann ihn auch roh essen, was bei nur wenigen Pilzen der Fall ist. Ich hobel ihn gerne ganz fein mit einem Trüffelhobel runter und mache ihn mit ein paar Spritzern Zitronensaft, gutem Olivenöl und Salz und Pfeffer an. Oder ich schneide ihn in ein Zentimeter dicke Scheiben und flämme ihn mit einem Bunsenbrenner ab, beides toll. Die käsigen Noten kommen bei letzterer Zubereitungsmethode am besten zur Geltung. Dazu ein gutes Brot, ein Glas Wein und der Sommernachtstraum ist gerettet! Der Pilz hat deutliche Stinkekäse- und Fleischnoten an sich und bringt ein stattliches Aroma mit. Ich dörre diesen Pilz sehr gerne und verleihe damit jeder Soße ein unvergleichlich tiefes Umami.

Der Pilz ist übrigens geschützt und darf, wie die meisten Speisepilze, nur für den Eigenbedarf in kleinen Mengen gesammelt werden. Für ein Gericht reichen aber auch wenige.

STECKBRIEF

AUSSEHEN:

- Gegliedert in Hut und Stiel. Hut 5 - 15 cm Durchmesser, von dunkel- über mittelbraun, hellbraun, beige. In heißen Sommern gerne grob aufgerissen („Trockenschaden").
- Stiel: weißlich, beige, bräunlich überfasert. Der Stiel besitzt ein weißes, im Alter bräunliches Netz, welches besonders unter dem Hut gut erkennbar ist.
- Röhren: jung weiß, dann gelblich, im Alter olivgrün.

GERUCH:

- Superlecker pilzig, nussig, manchmal käsig

SPORENPULVER:

- Oliv (Dunkelsporer).

VERBREITUNG UND VORKOMMEN:

- Frühsommer bis Herbst.
- Symbiosepilz, bei Eichen und Buchen, gerne kalkhaltige Böden. In ganz Europa zu finden, Mischwald.

WISSENSWERTES:

- Einer der wenigen roh essbaren Pilze. Kulinarisch nutzen!

SPEISEWERT:

- Einer der besten Speisepilze überhaupt, meiner Ansicht nach noch intensiver als der Fichtensteinpilz.

VERWECHSLUNGSGEFAHR:

- Fichtensteinpilz (*Boletus edulis*), essbar.
- Marone (*Imleria badia*), essbar.
- Gallenröhrling (*Tylopilus felleus*), ungenießbar (schwarzes Netz und rosa Röhren), Schmierröhrlinge (*Suillus*).

Die Espenrotkappe – die stabile Geliebte

LECCINUM AURANTIACUM

Espenrotkappen sind meine persönlichen Lieblinge. Ich habe zwar einige Lieblinge und kann meine Best-of-Liste nicht auf weniger als 20 Arten beschränken, dafür ist die Vielfalt zu groß. Je nach Jahreszeit ändert sich das Ranking immer ein bisschen. Dieser Pilz gehört aber definitiv nach ganz weit oben. Kaum ein Pilz ist so stabil und strotzt dermaßen vor Kraft wie er, und es ist jedes Mal eine Wohltat, den Korb damit zu füllen.

sind erst recht spät in mein Leben getreten. Ich hatte zuvor meistens mit ihren Verwandten aus der Heide zu tun, wenn ich mal Rotkappen fand. Das lag natürlich an meinen Sammelspots, denn ich war meistens in Heidelandschaften unterwegs, um dort Pfifferlinge, Steinpilze und andere Röhrlinge zu finden. Auch hatte ich lange gar nicht auf dem Zettel, dass es bei uns fünf verschiedene Rotkappenarten gibt. Je nach Symbiosepartner kommen sie in Eichenwäldern, Kiefern- oder Fichtenforsten, Heidelandschaften oder eben bei Espen vor. Dieses neue Wissen reizte mich, und ich beschloss, alle fünf verschiedenen Arten zu finden: meine Top Fünf der Raufußröhrlinge.

MAX UND MORITZ UND DER HEILIGE ERSTFUND

Das Erreichen dieses Vorsatzes ließ allerdings recht lange auf sich warten, und so wurde es zu einem Langzeitprojekt, das ich erst 2023 – nach mehr als einer Dekade – mit dem Fund der Kiefernrotkappe *(Leccinum vulpinum)* abschließen konnte.

Ich war mit meinem Freund Max unterwegs (hihi, Max und Moritz), der sehr erfolgreich einen Youtube Kanal – den Gartenkanal – betreibt. Für ihn, der aus dem Kraichgau stammt, war das Berliner Umland völliges Neuland. Andere Böden, andere Bäume, andere Pilze. Wir gingen ins Blaue hinein los und wollten ohne großen Plan eine gemeinsame Folge für meinen neuen Kanal drehen. Wir waren schnell erfolgreich, fanden verschiedene Röhrlingsarten und ein paar Krause Glucken. Das Projekt war erfolgreich abgedreht. Bis plötzlich mein Kameramann fragte, was „das denn ist", über das er fast gestolpert wäre. Wir standen inmitten eines Kiefernforstes, kein anderer Symbiosepartner weit und breit. Max und ich konnten nicht glauben, was sich da gerade vor unseren Füßen abspielte. Konnte das wirklich sein? War es wirklich...? Ja, es war die Kiefernrotkappe! Wir waren total aus dem Häuschen und konnten sogar noch ein Exemplar ausfindig machen. Wir nannten unsere Folge daraufhin „Max und Moritz und der heilige Erstfund".

Die Espenrotkappe machte mir Anfangs aber auch Probleme, denn sie versteckte sich besonders gut, so dass ich eine Zeit lang fast an ihr verzweifelte.

Eigentlich ist sie kaum zu übersehen: Ihre orangenen Hüte stechen einem selbst dann noch ins Auge, wenn der Boden mit Laub übersät ist. Bei näherem Betrachten zeigt sich dann ihre volle Pracht: die weißen Flocken am Stiel lassen sie flauschig und weich aussehen – bis man sie erntet und spürt, wie stabil sie sind.

Ich hatte aber einfach keine Spots, und wenn ich einmal Espen fand, dann wuchsen dort keine Pilze. Vielleicht lag es am Timing oder der immerwährenden Trockenheit in den Brandenburger Wäldern, oder ich war einfach zu doof und zu blind. Heute finde ich sie nämlich regelmäßig und gefühlt bei jeder Espe, die ich checke. Aber der Bann war wohl einfach noch nicht gebrochen, oder ich war noch nicht so weit, sie finden zu dürfen. Irgendwann wurde das Nichtfündig-werden dann aber zu einem richtigen Problem. Ich hatte ein Projekt zugesagt, bei dem ich Bilder dieser und anderer Pilzarten liefern wollte. Die Deadline rückte immer näher, aber es war nichts zu machen. Keine Espenrotkappen weit und breit – genauer gesagt überhaupt keine Pilze, denn es war Sommer und es herrschte mal wieder absolute Trockenheit.

DRASTISCHE MASSNAHMEN WERDEN ERFORDERLICH

Kurz vorm Verzweifeln ergriff ich eine Maßnahme. Ich packte meine Köfferchen, nahm meinen Sammelkorb und fuhr nach Bayern. Das klingt radikal und übertrieben, aber ich wusste, dass es dort genug geregnet hatte und die Pilzsaison in voller Blüte war, also setzte ich alles auf eine Karte. Ich nahm mir ein Zimmer in einem kleinen Gasthof nahe den Isarauen bei München, quasi mitten im Wald, und startete von dort meine Sammeloffensive. Und ich wurde fündig! Ich fand eine bunte Vielfalt an Pilzen und konnte entsprechend meine Fotos in den Kasten bringen. Was aber immer noch fehlte, war die Rotkappe.

Abends klagte ich dem Wirt bei einem Bier an der Bar mein Leid. Es stellte sich schnell

Unter den Röhrlingen zeichnen sich viele Raufußröhrlinge besonders durch einen langen Stiel aus.

WIE STREICHHÖLZER AUF STEROIDEN: Und genau so entflammbar – zumindest was die Leidenschaft angeht, die von ihnen verbreitet wird und die äußerst ansteckend ist.

STABILER GEHTS NICHT: Espenrotkappen sind hervorragende Speisepilze, die auch in der Pfanne knackig und fest bleiben und nicht rummatschen. Sie sind zudem nur sehr selten von Maden befallen, so dass man sich wirklich glücklich schätzen kann, wenn man sie findet.

heraus, dass er ebenfalls begeisterter Schwammerlsucher ist, und da wir uns prächtig verstanden, bot er mir an, ihn tags darauf zu seinem geheimen Spot zu begleiten. Was für ein Glück! Und was für ein Wendepunkt! Ich war bis dato der festen Überzeugung, man würde seine Spots niemals, unter keinen Umständen, an andere verraten, lieber nimmt man sie mit ins Grab. Und dann so etwas: Ein freundlicher Mensch, der um das Glück des Pilzefindens weiß und dieses mit mir teilt. Unfassbar.

Am nächsten Tag war es dann wirklich so weit. Keine fünf Minuten vom Hotel entfernt gingen wir nur kurz vom Waldweg ab und fanden uns in einer kleinen Anpflanzung von Espen wieder. Und da standen sie wirklich und leibhaftig. Eine schöner als die andere.

Insgesamt konnten wir um die zehn makellose Pilze finden. Ich war gerettet. Ich machte meine Fotos und hatte, was ich brauchte. Das Allerschönste an dieser Begegnung folgte jedoch am Abend. Der Wirt lud mich ein, die Pilze mit ihm gemeinsam im Restaurant zuzubereiten und zu verspeisen. Wir hatten einen wunderschönen Abend und erzählten uns bis spät in die Nacht unsere schönsten Sammelgeschichten.

FUNDE GANZ ANDERER ART

Noch heute bin ich voller Dankbarkeit, wenn ich an diesen tollen Menschen und die Pilze denke. Der Bann war übrigens fortan gebrochen – heute finde ich regelmäßig Espenrotkappen. Warum auch immer es so lange gedauert hat und sich derart schwierig gestaltete – ich bin dankbar, dass es genau so und nicht anders gekommen ist, denn ich habe einen großartigen Menschen kennengelernt und wurde daran erinnert, dass es sehr viel schöner ist, sein Wissen zu teilen als es für sich zu behalten. Auch das ist für mich ein Grund, dieses Buch zu schreiben.

STECKBRIEF

AUSSEHEN:

- Hut: 2–12 cm, orange bis orangebraun, trocken, feinfilzig, Huthaut auch im Alter überstehend, am Stiel klebend.
- Stiel: weißlich, mit weißen Schuppen, die sich nach dem Ernten erst orange-rosa verfärben und später braun-schwarz. Stielbasis mit blauen Verfärbungen. Fleisch färbt sich bei Verletzung graulila, blaulila, grünblau und schwärzt beim Zubereiten.
- Röhren: weißlich, im Alter graubräunlich, ausgebuchtet angewachsen.

GERUCH:

- Angenehm pilzig.

SPORENPULVER:

- Olivbraun (Dunkelsporer).

VERBREITUNG UND VORKOMMEN:

- Bei Espen, Zitterpappeln.
- Frühsommer bis Spätherbst.
- Symbiosepilz bei Espen, kalkliebend.

WISSENSWERTES:

- Gilt als besonders geschützt, darf nur in geringen Mengen für den Eigenbedarf gesammelt werden.

VERWECHSLUNGSGEFAHR:

- Andere Raufußröhrlinge (*Leccinum*), alle essbar,
- Vielfärbender Birkenpilz (*Leccinum variicolor*), essbar.

Der Schwefelporling – Angry Chicken

LAETIPORUS SULPHUREUS

Vegetarier aufgepasst! Hier kommt eine neue Fleischalternative, die sich gewaschen hat. Der Schwefelporling ist nicht nur optisch ein Hingucker. Richtig zubereitet glaubt dir niemand, dass da kein Hühnchen auf dem Teller liegt! Ob als pulled Chicken oder als Hühnersuppe, als Chicken Nuggets oder als dirty Wings, mit diesem Pilz vollbringst du in der Küche wahre Wunder und verzauberst deine Gäste!

SCHWEFELPORLING ist ein auffälliger Zeitgenosse. Er kommt in grellgelbem Rüschengewand daher und kreischt dich im sogar im Vorbeifahren mit dem Auto an, dass er gefälligst gesehen werden möchte. Er ist dabei recht aggressiv und fordernd. Aber jeder, der sich diesem Pilz hingibt und hilft, seine Sporen in die Welt zu tragen, wird dafür fürstlich von ihm belohnt. Die Fruchtkörper dieses Parasiten werden riesig und können sich schon mal auf einem ganzen Baumstamm ausbreiten, so dass man mit einem einzigen Fund ad hoc seinen Korb gefüllt hat. Gesammelt werden sollten nur junge Exemplare, da diese noch schön weich sind und sich am besten zum Essen eignen.

CHICKEN OF THE WOODS

Sein verblüffender Geschmack kommt einer Hühnerbrust, die auf den Punkt gegart ist, erstaunlich nahe. Alte Fruchtkörper sind eher Fraktion Gummiadler und neigen dazu, holzig und zäh zu werden; auch geschmacklich sind sie irgendwie nicht mehr so dolle.

Die jungen Fruchtkörper kocht man am besten 20 Minuten ab, lässt sie dann abkühlen und kann sie anschließend nach Belieben weiterverarbeiten. Konsistenz einfach 1:1 wie Huhn. Sehr zart, kann in Fasern zerteilt werden, „fällt vom Knochen ab", so in etwa. Man kann das „Fleisch" beliebig marinieren, der Fantasie sind keine Grenzen gesetzt. Alles, was man mit Huhn zubereitet, kann ab sofort mit „Chicken of the Woods" zubereitet werden (daher der englische Trivialname des Pilzes). So wie der Austernseitling den perfekten Ersatz für Kalbsfleisch liefert, so liefert dieser Pilz den Ersatz für Hühnchen.

SCHWEFELGELBE PRACHTEXEMPLARE

Über die Optik brauchen wir gar nicht erst reden. Die läuft außer Konkurrenz. Der Schwefelporling gehört auf jeden Fall dem Lager Paradiesvogel/Freakshow an – not in a negative way. Wegen mir sollte es sowieso viel mehr Freaks geben. Er fällt in jedem Falle auf und man kommt nicht einfach so an ihm vorbei. Wenn er einen noch stehenden Baum befällt, sieht es so aus, als hätte dieser sich in ein 70er Jahre Psychedelic-Kleid gesteckt, welches der Flamenco-inspirierten Idee eines durchgeknallten Designers auf halluzinogenen Pilzen entsprungen ist. Es ist einfach a bit much, und wunderschön dabei. Von unten leuchtende schwefelgelbe Poren, manchmal mit den kristallenen Wassertröpchen der Guttation geschmückt (das ist, wenn der Pilz Wasser absondert, das sieht dann aus wie Tautropfen) – von oben gelb-orange gestreifte Rüschenröcke. Komplett gaga und drüber. Aber hot. Erinnert an Flamenco irgendwie. Er ist kaum zu verwechseln, somit ein großartiger Einsteigerpilz.

Von sich aus schmeckt er nach nicht allzu viel, aber gerade das macht ihn zu einem flexiblen Partner in der Küche. Manche sagen, er erinnere geschmacklich an Huhn, aber den Eindruck teile ich nicht, dafür braucht man schon ziemlich viel Phantasie. Ich finde, er schmeckt auf eine angenehme Art ein bisschen säuerlich. Auch sein Geruch ist sehr säuerlich und obstartig.

SAG MIR WIE DU SCHMECKST UND ICH SAGE DIR, WO DU WÄCHST

Es gibt nur eine Sache zu beachten: Der Schwefelporling ist ein Pilz, bei dem es erheblich aufs Substrat ankommt. Aus welchem Holz er geschnitzt ist, ist entscheidend. Beziehungsweise in seinem Fall: auf welchem Holz er wächst.

Wenn der Schwefelporling an einem giftigen Baum wie der Eibe *(Taxus baccata)* oder dem Goldregen *(Laburnum)* wächst, ist das ein No-Go. In solchen Fällen besteht die Gefahr, dass der Pilz das Gift Taxin (bei Eiben) oder Cytisin (bei Goldregen) aufgenommen hat, was zu schweren Vergiftungen führen kann. Das Gleiche gilt für Robinien. In der Regel schmecken Fruchtkörper von diesen Bäumen dann aber auch nicht, von Eichen sollen die Schwefelpoirlinge zum Beipiel nach bitterer Gerbsäure schmecken.

Gute Wirte für den Pilz sind beispielsweise die Weide, Laub- oder Obsthölzer wie Buche, Apfel oder Kirsche. Doch es gibt auch Schwefelporlinge, die an Nadelholz wachsen

Bei aller verführerischen Kraft: Checkt die Bäume, auf denen der Porling wächst, bevor ihr erntet.

WIE DAS RÜSCHENGEWAND einer Flamencotänzerin: Der Schwefelporling geizt nicht mit seinen auffälligen Reizen und ist im Wald selbst in der Dämmerung kaum zu übersehen, zumal die Fruchtkörper ziemlich groß werden können.

DIESER SCHWEFELPORLING wuchs jedes Jahr in meinem Ort an einer Robinie und war somit nicht essbar. Dennoch hat er mir über Jahre hinweg die Laune aufgemuntert. Leider wurde der Wirtsbaum dieses Jahr gefällt – ich werde den Pilz vermissen und sage Danke!

und schmackhaft sind. Wichtig ist vor allem sich von Robinie fernzuhalten.

Der Schwefelporling ist ein Parasit, der Bäumen das Leben entzieht und sie langsam umbringt. Im Anschluss lebt er als Folgezersetzer auf ihnen weiter und löst Braunfäule aus, die das tote Holz schließlich zerkleinert und wieder dem Kreislauf zuführt. Er ist somit zwar recht zerstörerisch unterwegs, aber er meint es gut. Zumindest räumt er den Mist wieder auf, den er veranstaltet hat.

Ich habe einen eigenen Schwefelporling. Einen Mitbewohner quasi. Ich besitze eine Wochenendlaube an einem kleinen Weiher unweit des Müggelsees in Berlin, und ich habe das Glück, die einzige Datsche mit Zugang zu diesem kleinen Tümpel zu haben. Er ist umgeben von Bäumen, die ihr Laub und ihre Äste ins Wasser abfallen lassen, wodurch der ganze Boden mit einem halben Meter Schlick bedeckt ist. Wenn man ins Wasser steigt steigen Blasen auf und es stinkt, so daß man ihn nur optisch geniessen kann. Die Kröten fühlen sich hier Pudelwohl, jeden Abend gibt es im Sommer ein Balzkonzert, das sich gewaschen hat. Eine Weide ist umgefallen und ragt einmal quer über den Tümpel. Am äussersten Ende der Baumkrone erscheint – nicht in jedem Jahr, dafür in anderen mehrmals ein Schwefelporling mit riesigen Fruchtkörpern.

Der Pilz ist launisch, wie ein echter Mitbewohner und lässt sich absolut nichts sagen. Und das ist gut so. Wenn er sich denn aber zeigt, klettere ich in einem Drahtseilakt den Baumstamm entlang, um mir die gelben Delikatessen zu holen. Ich bin schon einige Male fast reingefallen,was wahrscheinlich zu meinem sofortigen Erstickungstod durch Faulgase geführt hätte, aber ich konnte mich bisher zum Glück immer mit maximal ein paar nassen Füßen retten.

STECKBRIEF

AUSSEHEN:
> Fächerartige leuchtend gelbe bis orangene Fruchtkörper (5–40 cm), die konsolenartig übereinandergeschichtet am Baum wachsen. Die Fruchtschicht besteht aus feinen hellgelben Poren und ist fest mit dem Fleisch verwachsen. Im Alter blassen die Poren aus und werden weißlich.

SPORENPULVER:
> Weiß (Hellsporer).

GERUCH:
> Obstartig, säuerlich.

VERBREITUNG UND VORKOMMEN:
> Parasit und Folgezersetzer, kommt an Laub- und Nadelholz vor. Weltweit, kann schon im Frühjahr gefunden werden.
> Bis in den späten Herbst hinein.

WISSENSWERTES:
> Kann zu „Hühnchenfleisch" verarbeitet werden, 100 % veggie, 100 % tasty. Exemplare, die an giftigen Wirten wie Eibe oder Robinie wachsen, sind zu meiden.

SPEISEWERT:
> Guter Speisepilz, nur junge Exemplare sammeln, die noch nicht holzig sind.

VERWECHSLUNGSGEFAHR:
> Kaum zu verwechseln. Wenn, dann mit Nadelholzschwefelporling (*Laetiporus conifericola*), essbar, Leuchtender Weichporling (*Pycnoporellus fulgens*), ungenießbar, Zimt-farbener Weichporling (*Hapalopilus nidulans*, Syn. *Hapalopilus rutilans*), sehr giftig.

Der Flockenstielige Hexenröhrling – der Magier

NEOBOLETUS LURIDIFORMIS

Der Flockenstielige Hexenröhrling ist seit jeher in eine mystische Aura gehüllt. Er hat im Laufe der Geschichte eine Vielzahl von Namen durchlebt – einige davon kurios, andere amüsant, wieder andere völlig daneben und kaum noch aussprechbar. Vom „Saupilz" über „Zigeuner" bis hin zu „Gauklerpilz" musste er so manchen schrägen Namen tragen. Trotz seiner etwas exzentrischen Erscheinung ist er ein hervorragender Speisepilz.

IN MANCHEN Regionen ist der Pilz vor allem als „Schusterpilz“ bekannt. Der Ursprung dieses Namens liegt zum einen an der wildlederartigen Oberfläche seines Huts und zum anderen in der vermeintlichen Unterlegenheit im Vergleich zum sogenannten „Herrenpilz“, dem Steinpilz. Tatsächlich wird der Flockenstielige Hexenröhrling aber von vielen Pilzliebhabern als dem Steinpilz überlegen betrachtet, was Geschmack und Konsistenz betrifft. Der Pilz bleibt in der Pfanne richtig knackig und ist außerdem viel seltener von Maden befallen. Wer „Flockis“, wie ich sie liebevoll nenne, findet, sollte sich also glücklich schätzen. Und doch lassen viele Sammler den Pilz stehen.

DER HERBE CHARME DES BLAUENDEN FLEISCHES

Das mag daran liegen, dass die auffällig roten Röhrenmündungen und das intensiv blauende Fleisch (das beim Kochen seine Farbe verliert) seit jeher eine abschreckende Wirkung haben und mit Teufeln und Dämonen in Verbindung gebracht werden.

Der „Flocki“ ist zwar roh giftig, doch durch ausreichendes Kochen oder Braten wird er zu einem wahren Gaumenschmaus, der in der Liga der kulinarischen Champions locker mithalten kann.

Man findet ihn von Mai bis Oktober, wobei ich ihn am häufigsten im Juli und August entdecke. Er gedeiht besonders gerne in der Umgebung von Rotbuchen, Eichen, Tannen und Fichten, vorzugsweise auf Böden mit geringem Kalkgehalt und saurem pH-Wert, idealerweise also in einem Bereich von 0 – 6,5. Er ist ein Mykorrhizapilz, den man also im Laub- und Nadelwald finden kann – flexibel, was die Symbiosepartner angeht, aber recht unflexibel in Bezug auf den Boden. Er liebt es nun mal sauer, doch das macht ja bekanntlich lustig.

Aber woher weiß man, welcher Boden sauer und welcher basisch ist? Die Wenigsten haben ein Testset mit Lackmuspapier und destilliertem Wasser dabei, wenn sie sammeln gehen, ich übrigens auch nicht, das kommt mir etwas übertrieben vor. Man kann sich aber glücklicherweise an sogenannten „Zeigerpflanzen“ orientieren. Das sind Pflanzenarten, die sehr intolerant auf Veränderungen ihrer Lebensbedingungen reagieren. Sie kommen also nur unter sehr spezifischen Bedingungen vor und geben wichtige Hinweise auf die Beschaffenheit des Bodens, in dem sie wachsen. Sie gelten damit als Bioindikatoren. Anzeiger für saure Böden sind beispielsweise Heidel- und Preiselbeeren, Besenheide (oder Heidekraut), das gemeine Weißmoos (das etwa 10 – 20 cm breite, rundliche Polster ausbildet, die kissenartig auf dem Boden oder auf Totholz wachsen) oder Drahtschmiele (eine Grasart, die zwischen 30 und 70 cm hoch wird und immer leicht vertrocknet aussieht). Nicht vorkommen sollten in diesem Fall die Brennessel (Anzeiger für stickstoff- und humusreiche Böden) oder Waldmeister (Anzeiger für lockere, nährstoff- und basenreiche Böden).

HEXEN, ABER ALS HEXENZIRKEL

Wenn der Boden der richtige ist und man den Flockenstieligen Hexenröhrling erst einmal entdeckt hat, tritt er oft in großer Zahl auf – er wächst gern in Gruppen entlang von Wegrändern und Wiesenflächen unweit seiner Baumpartner, und es dauert nicht lange, bis ein Korb mit Hexenröhrlingen gefüllt ist. Die Fruchtkörper sind gerne richtig aufgeplustert und erreichen absurde Größen. Wer kann, sollte sich damit direkt Vorräte anlegen – der Pilz eignet sich hervorragend zum Dörren, Einmachen oder Einfrieren. Er sollte aber ausreichend erhitzt werden, bevor man ihn zu sich nimmt (auch nach dem Dörren, denn er enthält verschiedene Hämolysine, die roh blutzersetzend wirken). Dem Geschmack und der Konsistenz tut das keinen Abbruch, dieser Pilz bleibt stabil.

VON GELB NACH BLAU IN WENIGEN SEKUNDEN

Also, kulinarisch top das Ding. Das Allerbeste an diesem Pilz offenbart sich aber in seiner magischen Eigenschaft – er ist ein wahrer Zauberkünstler der Natur. Ich habe seit Kind-

Es ist nichts Ungewöhnliches, dass Pilze mit den dunklen, magischen Aspekten des Daseins in Verbindung gebracht werden.

EIN ZAUBERKÜNSTLER unter den Pilzen – innerhalb von Sekunden verfärbt sich der Pilz bei Anschnitt blau. Ein toller Kontrast zum leuchtenden Rot der Röhrenmündungen dieser Art.

DER KRASSE UNTERSCHIED ZWISCHEN BABY UND GREIS.

DIE FRUCHTKÖRPER können von sehr klein bis sehr groß ausfallen. Um den Pilz sicher zu bestimmen, sollten immer alle Bestimmungsmerkmale verglichen und ein Anschnitt gemacht werden. Alte Exemplare wie auf dem unteren Bild bleiben besser zum Aussporen im Wald.

heitstagen ein Faible für Zauberer, vielleicht liegt es daran, dass ich in der Ära von David Copperfield aufgewachsen bin. Mal ließ dieser einen Monstertruck unter einem großen Tuch verschwinden, mal zersägte er hübsche Frauen auf der Bühne oder er ging in einer großen TV-Show (ich durfte an diesem Abend länger wach bleiben und das ganze Spektakel schauen) durch die Chinesische Mauer. Unerklärbare Dinge eben, die einen baff und mit heruntergeklappter Kinnlade zurücklassen. So ähnlich ist es auch hier. Schneidet man die Fruchtkörper des Pilzes an, verwandelt sich das leuchtend gelbe Fleisch in Sekundenschnelle in ein intensives Blau. Dieser bezaubernde Effekt hat neben mir schon so manchen Pilzsammler fasziniert und ist stets ein Highlight in meinen Sammelkursen, mit dem ich nicht nur Kinder in den Bann der Pilze ziehe. Aufschneiden, Wunder genießen, bei Bedarf wiederholen, fertig. Das macht richtig Spaß und das Leuchten in den Augen der Menschen, die das zum ersten Mal sehen, ist unbezahlbar.

Die Blaufärbung bei Druck oder Beschädigung resultiert übrigens aus enzymatischen Oxidationsreaktionen, ein harmloser Effekt ohne jeglichen Bezug zu „Hexenmagie" oder Giftigkeit. Hier gilt sogar die Regel: Alle blauverfärbenden Röhrlinge ohne Netzzeichnung am Stiel sind essbar.

Der Flockenstielige Hexenröhrling mag dem ungeübten Sammler auf den ersten Blick rätselhaft erscheinen, doch es handelt sich um einen kulinarischen Schatz mit faszinierenden geschmacklichen Nuancen, die erfahrene Pilz-Connaisseure zu schätzen wissen. Dafür braucht es mal wieder nicht viel: Eine Pfanne, etwas Butter oder Öl, Salz, Pfeffer, ein paar Kräuter, fertig. Der Pilz so geschmacksintensiv, dass ihm eine Scheibe Brot als Beilage vollkommen genügt.

Der Flockenstielige Hexenröhrling – ein faszinierender Pilz mit einer zauberhaften Geschichte, die so vielfältig ist wie seine zahlreichen Namen.

STECKBRIEF

AUSSEHEN:

- Gegliedert in Hut und Stiel. Hut 5–20 cm Durchmesser, dunkelbraun-samtig, wildlederartig.
- Stiel: gelblich, bei Anschnitt schnell und stark blauend. Rötlich bis orange beflockt.
- Röhren: orange bis kräftig rot, bei Druck blauend/schwärzend.

SPORENPULVER:

- Oliv bis olivbraun (Dunkelsporer).

VERBREITUNG UND VORKOMMEN:

- Kalkarme, saure Böden, Laub- und Mischwälder, Symbiosepilz. Gerne bei Fichten. In ganz Europa zu finden.
- Frühsommer bis Herbst, oft schon ab Mai.

WISSENSWERTES:

- Geschmacklich mindestens dem Steinpilz ebenbürtig. Wächst gerne gesellig, ist also ein sehr ergiebiger Speisepilz.

SPEISEWERT:

- Sehr guter Speisepilz, dem Steinpilz ebenbürtig.

VERWECHSLUNGSGEFAHR:

- Auf kalkhaltigen Böden: Netzstieliger Hexenröhrling (*Suillellus luridus*), mit Netzstruktur statt Flocken am Stiel, ebenfalls essbar.
- Satansröhrling (*Rubroboletus satanas*), giftig, ebenfalls mit roten Röhren aber einem hellen, cremefarbenen, beigen Hut.
- Schönfußröhrling (*Caloboletus calopus*), mit hellen, gelblichen Röhren, giftig.

Der Parasolpilz – der unterschätzte Schirmherr

MACROLEPIOTA PROCERA

Stell dir vor, du schlenderst durch den Wald und schon von weitem siehst du ihn, den Giganten unter den Speisepilzen – den Parasol! Der Schirm könnte glatt als Sonnenschutz durchgehen oder dir Unterschlupf beim nächsten Regen gewähren, so groß ist er. Deine Freude über den Fund ist es berechtigterweise auch. Win-Win: Der Pilz freut sich, dass du ihn gefunden hast und nun seine Sporen verbreitest.

DER PARASOLPILZ, auch Riesenschirmling genannt, ist ein Gentleman unter den Pilzen. Mit seinem großen, eleganten Schirm, dem langen genatterten Stiel und dem markanten Ring kommt er in eleganten, cremigen Farben daher und verwandelt jede Wiese augenblicklich in „seine" Wiese. Selbst Anfänger können ihn leicht finden, denn er ist mit seinem feinen Gewand und seiner stattlichen Größe ein wahrer Blickfang. Für seinen Auftritt sucht er sich dementsprechend die große Bühne. Er mag es eher hell und freundlich, düstere Ecken im Wald sind nichts für ihn, es ist, als suche er unsere Aufmerksamkeit – und die bekommt er auch gerne!

EIN PILZ FÜR DEN GANZ GROSSEN AUFTRITT

Auch lebt er nicht in Symbiose mit bestimmten Bäumen, denn er ist ein Folgezersetzer, der sich von Gras- und anderen Pflanzenresten, Nadel- oder Laubstreu ernährt. Daher ist er gerne auf Wiesen, an Straßenrändern, Wegen oder in Parks zu finden. Ob Misch- oder Nadelwald, du kannst ihn häufig und überall antreffen. Er kommt schon ab dem frühen Sommer vor und wächst bis in den späten Herbst hinein, und das selbst bei trockenem Wetter. Somit ist der Parasolpilz eine sichere Bank, die man unbedingt kennen sollte.

EAT MY DUST, SCHNITZEL!

Einen Namen gemacht hat sich der Pilz vor allem als Veggieschnitzel, was zugegebenermaßen echt lecker ist. Aber da geht doch noch mehr! Kein Pilz hat es meiner Meinung nach verdient, immer nur paniert und frittiert zu werden, schon gar nicht so ein feiner Zeitgenosse wie dieser. Der Geschmack des Pilzes braucht sich nämlich nicht hinter dem anderer Pilze zu verstecken. Ich würde ihn als „nussig-pilzig" bezeichnen, es geht durchaus schon in die Haselnuss-Richtung. Sehr elegant – durchaus passend zu seiner Erscheinung. Und das kann man sich ruhig mal gönnen, auch in seiner Reinform, also nur in Butter angebraten – oder eben anders zubereitet, aber bitte nicht immer nur als Schnitzel! Man versetze sich mal in diesen feinen Herren – eben noch im Rampenlicht auf der großen Showbühne, jetzt auf einmal eingehüllt in klebrige Panade – wer will denn das schon! Vielleicht ist es auch ein persönliches Ding – Beef Wellington zum Beispiel habe ich auch nie verstanden. Warum muss immer alles in Teig gehüllt werden, was auch ohne funktioniert?! I don't get it. Auch als Suppenpilz ist der Parasol zum Beispiel ein Highlight. Wichtig ist nur – egal bei welcher Zubereitungsmethode – dass man den Pilz gut durchgart. Roh ist er nämlich giftig. Und wenn man ihn dann doch als Schnitzel in die Pfanne haut, kann es durchaus mal passieren, dass man aufgrund von hoher Hitze die Panade krossbrät, der Pilz im Inneren aber nicht ausreichend gegart wird. Doof, weil man sich dann ganz schnell eine Pilzvergiftung holt, obwohl man einen großartigen Speisepilz vor sich hatte. Also, wenn Schnitzel: dann bitte mit wenig Hitze langsam und ausreichend durchbraten. Oder einfach mal was anderes probieren, der Pilz schmeckt nämlich wirklich toll. In kleine Stücke geschnitten, mit richtig Hitze gegart, vom Feuer geküsst, sowas hat richtig Bumms und entfaltet ungeahnte Aromen. Werde bei der Zubereitung ruhig kreativ – der Pilz wird es dir danken.

Übrigens sind die längsfaserigen Stiele der Pilze immer sehr holzig, so dass man in der Regel nur die Hüte fürs Essen verwertet. Die Stiele können aber ebenso genutzt werden. Man kann sie wunderbar dörren und kleinmahlen, um sie als Würzpulver, zum Beispiel für Soßen, einzusetzen. Die Hüte können natürlich ebenso getrocknet werden, gerade wenn man zu viele Pilze mitgenommen hat und zuhause merkt, dass man sie gar nicht alle am gleichen Tag verwerten kann. Hierbei sollte man aber auch wieder auf ausreichende Garzeit achten, also nicht auf die Idee kommen, ein Pilzsalz aus dem Pulver zu machen und damit die Stulle zu würzen!

Die Bestimmung ist beim Riesenschirmling zum Glück recht einfach. Es gilt, ein paar wenige, aber wichtige Merkmale unbedingt zu beachten, um sicher zu sein: Beginnen wir mit der Größe – der Name ist hier Programm. Riesenschirmlinge sollten groß

Parasol – „hält die Sonne ab" – ist tatsächlich ein heute ungebräuchlicher Begriff für Sonnenschirm.

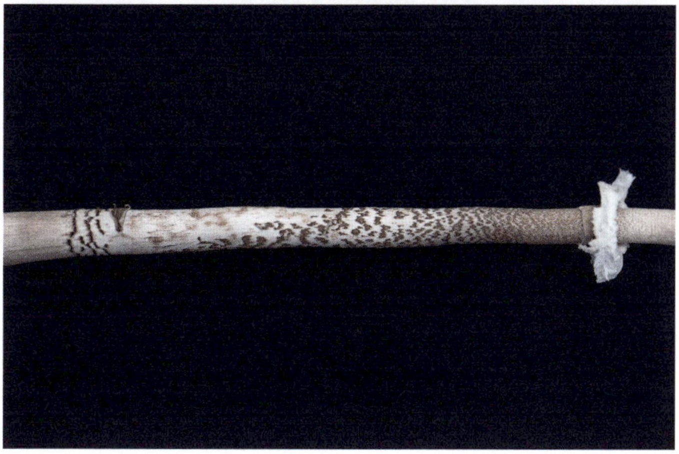

WICHTIGE ERKENNUNGSMERKMALE: die gezonten dunkleren Schüppchen auf dem Hut, darunter der verschiebbare Ring und die typische „Natterung" am Stiel des cremefarbenen Parasolpilzes.

PARASOLE SIND AB EINER GEWISSEN GRÖSSE GUT ZU SPOTTEN.

GUT ZU WISSEN: Der Hutrand ist beim Parasol „behangen" (Bild oben). Jung erinnern die Fruchtkörper des Pilzes an Paukenschlegel. Der Hut ist in diesem Stadium noch nicht aufgegangen. Das Velum partiale, welches später mal den Ring bildet, ist noch geschlossen.

sein. Size matters, das ist hier wie im echten Leben! Die Fruchtkörper sind stattliche Erscheinungen. Sie werden bis zu einem halben Meter hoch, die Hüte haben Durchmesser von bis zu 30–35 Zentimeter, du könntest Frisbee mit ihnen spielen. Achte darauf beim Sammeln. Damit schließt du schon mal aus, den Pilz mit einem Doppelgänger der Gattung *Lepiota* (kleine Schirmlinge) zu verwechseln, in der es viele tödlich giftige Arten gibt, von denen einige durchaus aussehen können, wie Miniatur-Parasole.

Wenn du dann die unten aufgeführten Merkmale beachtest, solltest du mit dem Parasolpilz schnell gute Erfolge verbuchen können, ohne Gefahr zu laufen, daneben zu greifen. Und das Schönste: Wie bei vielen Arten ist es auch hier so, dass der Pilz selten allein steht. Bei allem Selbstdarstellertum: Der Parasol wächst gerne in kleinen Grüppchen von gleichgesinnten außergewöhnlichen Gentlemen. Sie kommen sich nicht zu nahe und respektieren sich gegenseitig, aber meistens kann man auf einer Wiese gleich mehrere Exemplare dieser feinen Herrschaften locker verstreut wachsend finden. Dein Korb wird sich also schnell füllen, wenn du einmal ausgemacht hast, wo die Bühne steht und der Gig stattfindet. Kurz gesagt, der Parasolpilz ist ein perfekter Einstieg ins Pilzabenteuer und lässt dich nicht im Regen stehen!

Sei so lieb und erweise ihm im Gegenzug die Ehre, die er verdient hat. Behandle ihn, wie man einen Gentleman behandelt: mit Respekt, und vielleicht auch mal ohne Pannade!

STECKBRIEF

AUSSEHEN:

> Hut bis zu 30–50 cm hoch, 10–30 cm Durchmesser, cremeweiß, mit braunen konzentrisch verlaufenden Schuppen, jung an Paukenschlegel erinnernd und eher glatt, dunkelbraungrau, aufreißend.

> Stiel: genattert, zur Stielbasis knollig verdickt, mit doppelrandigem, weichem, verschiebbarem Ring beringt. Stiel längsfaserig und holzig, gut vom Hut trennbar.

> Lamellen: freistehend (nicht mit dem Stiel verbunden), dicht, cremeweiß, schmutzigweiß, beige.

SPORENPULVER:

> Weiß (Hellsporer).

VERBREITUNG UND VORKOMMEN:

> Folgezersetzer, kommt auf Wiesen vor, in Parks, Lichtungen Wegrändern etc.

> Sommer bis Spätherbst, häufig.

GERUCH:

> Haselnussig, sehr angenehm.

WISSENSWERTES:

> Der verschiebbare Ring am Stiel ist das Überbleibsel des „Velums partiale“, einer Teilhülle, die in jungem Stadium die Lamellen schützt. Wenn die Hüte aufgehen, bleibt der Ring am Stiel zurück. Es gibt mehrere essbare Parasolarten, beispielsweise den Zitzen-Riesenschirmling (*Macrolepiota mastoida*) oder den Sternschuppigen Riesenschirmling (*Macrolepiota rhodosperma*). Hier wäre eine Verwechslung egal.

VERWECHSLUNGSGEFAHR:

> Der Speisewert des Garten-Safranschirmlings (*Chlorophyllum brunneum*) ist zumindest umstritten, also besser stehen lassen.

Der Goldröhrling – mein Goldjunge

SUILLUS GREVILLEI

Wenn die Tage kürzer werden und es im Wald früh dunkelt, bringt ein Pilz Farbe ins Spiel und lässt die Sonne trotzdem scheinen: der Goldröhrling. Sein goldener Hut und die strahlend gelben Röhren machen ihn in der Pilzwelt unverkennbar und auch für Einsteiger leicht zu bestimmen. Der Goldröhrling ist nicht nur ein Instagram-taugliches Fotomotiv, sondern auch ein Gourmet-Erlebnis.

DER GOLDRÖHRLING auch als Lärchenröhrling bekannt, ist ein wahrer Hingucker in den Wäldern. Seine leuchtend gelben Fruchtkörper fallen einem meist schon von weitem ins Auge und hellen so manchen grauen Herbsttag auf. Ich stelle mir beim Sammeln immer vor, dass ich auf Schatzsuche bin und echte kleine Goldnuggets finde – so macht die Suche gleich noch mehr Spaß und ich freue mich wie ein kleines Kind, wenn ich ein paar Exemplare einkorben kann. Der Goldröhrling ist ein Mykorrhizapilz, der ziemlich treu in Symbiose mit Lärchen lebt, also in der Nähe dieser Nadelbäume zu finden ist. Die Suche nach diesem Hingucker muss man also nicht ganz dem Zufall überlassen – der Schlüssel zum Erfolg ist, wie so oft, der Symbiosepartner.

IM GOLDRAUSCH

Wenn ich mich also auf die Suche nach Goldröhrlingen mache, fange ich meist bei der Suche nach Lärchen an. Das ist gar nicht so schwer, denn die europäische Lärche kommt zwar in der freien Wildbahn vor allem in den Bergen vor, allerdings hat die Forstwirtschaft dafür gesorgt, dass sie hier und da, quasi in jedem Mischwald in Deutschland, eingestreut wächst-selbst im flachen Norden.

Lärchen werden in freier Natur etwa 600 Jahre alt, es gibt aber auch deutlich ältere Exemplare. Und wie erkenne ich die Lärche? Zuerst einmal schaue ich nach oben! Lärchen sind die Tänzer unter den Nadelbäumen und wiegen ihre langen, herunterhängenden Äste im Wind. Nur daran wirst du sie aber nicht erkennen. Am allerwichtigsten ist für die Identifikation neben ein paar anderen Merkmalen die Farbe. Im Sommer sind die Nadeln der Bäume frisch und grün, im Herbst tragen sie ein goldgelbes Gewand. Die weichen, abgeflachten Nadeln wachsen in Büscheln an den herunterhängenden Kurztrieben, von weitem sieht das richtig flauschig aus. Die Äste sind außerdem voll von relativ kleinen, rundlichen Zapfen, die nach oben wachsen. Die Baumkrone ist meist schlank kegelförmig bis leicht pyramidal. Die Borke der Bäume ist im Jugendstadium glatt und silbriggrün, später wird sie schuppig und rissig mit rotbraunen Furchen. Später im Jahr werfen die Bäume ihre goldenen Nadeln ab. Ein goldener Teppich unter ihren hängenden Ästen ist also ein sicheres Zeichen, dass du am Ziel bist und dir die Option auf ein paar Golden Nuggets gesichert hast.

Nun gilt es, im Umkreis der Bäume den Boden abzuscannen. Das leuchtende Gelb der Fruchtkörper lässt diese Aktion recht erfolgversprechend aussehen. Meist wachsen die Fruchtkörper in kleinen Gruppen, was das Ganze noch schöner macht. Findet man einen, findet man viele.

NIMM DIE SCHLEIMIGE MÜTZE AB!

Der Goldröhrling ist ein guter Speisepilz. Er gehört allerdings zu den Schmierröhrlingen (Gattung *Suillus*), was bedeutet, dass wir die Huthaut abziehen müssen, bevor wir ihn essen, um keine Magenprobleme zu bekommen. Die Huthaut enthält Stoffe, die der Verdauung gerne Problemchen machen können. Außerdem neigt der Pilz dazu, sich mit Wasser vollzusaugen, ich nehme daher immer nur kleine, frische Fruchtkörper mit.

Auch weil er mich an meine Großeltern erinnert, mag ich diesen Pilz. Meine Omi hat meinen Opi nämlich immer liebevoll „Goldjunge“ genannt und die Erinnerung daran (meine Großeltern waren sehr wichtige Menschen für mich) wird bei jedem Fund reaktiviert.

Für mich sind die schönen Fruchtkörper einfach alle „Goldjungen“. Sie hübschen den Waldboden mit ihrem schillernden Antlitz auf, wie es sonst vielleicht nur Pfifferlinge tun. Wenn man einmal auf eine „Goldader“ gestoßen ist kann man vom Goldröhrling auch ähnlich ergiebig einkorben, da er gerne gesellig wächst und somit in großen Gruppen anzutreffen ist. Doch Obacht, dieser Pilz lehrt uns auch, nicht gierig und maßlos zu werden!

Meine erste persönliche Begegnung mit ihm wurde nämlich genau zu dem: einer Lehrstunde in Sachen Demut. Nach einem kräftigen Regenschauer wagte ich mich in den Wald und fand eine wahre Goldgrube in einem kleinen Lärchenforst. Ich füllte meinen Korb und freute

Obwohl er in der Küche eine gute Figur macht, ist der Goldröhrling ein eher unbekannter Speisepilz.

DER GOLDRÖHRLING wächst gerne gesellig in kleinen Grüppchen in der Nähe von Lärchen. Die Huthaut ist schmierig, die Röhren flecken bei Druck und der Stiel weist stets einen klebrigen Ring auf.

DIE KLEBRIGE HUTHAUT stellt dich beim Putzen vor Herausforderungen. Sie sollte aber unbedingt entfernt werden, um Magen-Darm-Störungen zu vermeiden. Gut gegart ist der Goldröhrling ein hervorragender Speisepilz – das wissen auch die Schnecken!

mich schon darauf, ein paar Freunde zum Essen einzuladen und den Pilz zu probieren. Die anfängliche Begeisterung des Sammelns verflog jedoch schnell, als ich zuhause vor der Herausforderung stand, die schleimige Huthaut dieser Prachtexemplare zu entfernen.

WER ESSEN WILL, MUSS PUTZEN

Stundenlang war ich damit beschäftigt und ich musste mir eingestehen, dass ich das wohl besser schon im Wald hätte tun sollen. Die Gäste kamen, ich war mitnichten fertig, wir putzten gemeinsam und das Essen fand irgendwann spät nach Mitternacht statt. Die Mühen wurden belohnt, das Pilzgericht war wirklich lecker.

Wenn ihr sammeln geht, tut euch selber den Gefallen und putzt die Pilze im Wald. Das erspart euch viel schleimiges Gepule und Geputze in der Küche. Und im Wald macht man das nebenbei, während man sich nach weiteren Pilzen umschaut. Oder man setzte sich unter einen Baum und gönnt sich eine Pause, während man seine Funde Stück für Stück aus dem Korb holt und würdigt. Das Putzen ist dann fast wie ein bisschen Zärtlichkeit für den jeweiligen Pilz. Und wahrscheinlich schmecken solche Gerichte auch besser.

STECKBRIEF

AUSSEHEN:

- Hut 3–12 (15) cm Durchmesser, schleimig, schmierig, hellgelb, später orangerötlich, Mitte meist etwas gebuckelt. Jung komplett mit Velum partiale umschlossen, einer häutigen Teilhülle, die später als Ring am Stiel verbleibt. Unter dem Hut gelbe Röhren als Fruchtschicht.
- Stiel: 5–10 (12) cm lang, 0,5–2 (2,5) cm Durchmesser, gelb, unterhalb des Rings bräunlich gefasert, oberhalb gelblich wie die Röhren, gänzlich schmierig-schleimig.
- Die Röhren sind gelb, im Alter braungelb und verfärben bei Druck gerne rosalila fleckend.
- Ring: gelblich, alt teils nur noch angedeutet.

SPORENPULVER:

- Gelbbraun (Dunkelsporer).

VERBREITUNG UND VORKOMMEN:

- In ganz Europa zu finden.
- Sommer bis Herbst.
- Symbiosepilz, bei Lärchen vorkommend. Selten auch bei Douglasie oder fünfnadeliger Weymouthskiefer.

WISSENSWERTES:

- Goldröhrlinge enthalten Xerocomsäure und sind daher roh unverträglich. Gut durchgaren und die schleimige Huthaut entfernen.

VERWECHSLUNGSGEFAHR:

- Butterpilz (*Suillus luteus*), Körnchenröhrling (*Suillus granulatus*), beide essbar.
- Andere essbare Schmierröhrlinge (*Suillaceae*).

Sandröhrling – der Pilz meiner Kindheit

SUILLUS VARIEGATUS

Wer Kiefernwälder in seiner Umgebung hat, darf sich jetzt freuen! Es gibt einen sehr leckeren Röhrling, der sich als Symbiosepartner die Kiefer – und nichts als die Kiefer – ausgesucht hat. Dieser Pilz versetzt mich sofort in meine Kindheit, vielleicht rührt daher meine Liebe für ihn. Auch wenn du keine Kindheitserinnerungen mit diesem Pilz verbindest: Er wird dir kulinarische Erlebnisse bescheren, an die du dich erinnern wirst.

DER SANDRÖHRLING ist der perfekte Einsteigerpilz. Man kann sich ganz gezielt nach ihm auf die Suche machen, da er ausschließlich bei Kiefern auf sandigen, sauren Böden wächst. Er ist einfach zu identifizieren und eine Verwechslung mit einem anderen Röhrling wäre kein Drama. Und: Er schmeckt einfach vorzüglich. In den Brandenburger Wäldern, die mein heutiges Zuhause umgeben, tritt dieser Pilz massenhaft auf. Völlig zu Unrecht wird er jedoch von den meisten Sammlern links liegen gelassen. Das ist durchaus verwunderlich, denn wer diesen Pilz vorsätzlich stehen lässt, verpasst echt was.

DER KLEINE MORITZ UND SEINE WALDABENTEUER

Als ich ein Kind war, hatte ich einen großen Truppenübungsplatz vor der Haustür: Das „Öllager", wie man dort sagte, in der Nähe von Bremen. Hier baute ich mir mit meinen Freunden Höhlen und Baumhäuser – oder das, was wir damals dafür hielten. Diese wurden dann in unserer kindlichen Vorstellung Räuberlager und Burgen und Piratenschiffe. Hier konnten wir uns austoben, heimlich die ersten Zigaretten probieren, „kokeln" oder sonstwie Scheiße bauen, ohne dass die Eltern es mitbekamen. Es war wie ein riesiger Abenteuerspielplatz. Es war aufregend und teilweise auch bedrohlich. In den 1980ern gab es noch Manöver der Bundeswehr, und so sahen wir nicht selten Panzer oder Geländewagen durch „unseren Wald" jagen. Wir versteckten uns dann sofort, wussten wir doch, dass wir dort eigentlich nichts zu suchen hatten. Trotzdem oder vielleicht deswegen, war es für mich ein magischer Wald: Hier gingen wir auch mit den Pfadfindern in „die Wildnis", um Basics wie Pflanzen- und Baumkunde zu erlernen, Feuer zu machen oder unsere Lager aufzubauen. Und hier begann meine Reise zu den Pilzen.

Meine Eltern waren begeisterte Pilzsammler und nahmen uns Kinder natürlich mit, um die Körbe zu füllen. Was genau wir sammelten? Keine Ahnung. Ich weiß aber noch, dass mir damals die Regel beigebracht wurde, nur Pilze mit einem Schwamm unter dem Hut zu sammeln, da gäbe es keine giftigen. Ich glaube, meine Schwester und ich machten sich nicht schlecht als Trüffelschweine, ich erinnere auf jeden Fall noch, dass wir oft plötzlich die Nachbarn zu Besuch hatten, wenn wir mal wieder zu viel gesammelt hatten.

DIE PILZE DER KINDHEIT UND DIE KINDER DER PILZE

Ob oder wie sehr ich die Pilzpfannen genoss, kann ich leider nicht mehr sagen. Ich denke aber schon. Ich weiß noch, dass der Geruch des pilzigen Abendessens unser ganzes Haus durchzog und etwas Wohliges und Heimeliges in mir auslöste, ein Gefühl von Geborgenheit.

Vor ein paar Jahren hatte ich nämlich ein einschneidendes Erlebnis: Ich hatte aus Spaß ausschließlich Sandröhrlinge gesammelt, um den Geschmack einmal pur und unverfälscht zu erleben und zu bewerten. Leicht säuerlich sollte der Pilz schmecken, da war ich gespannt drauf. Völlig unvorbereitet traf mich dann in der Küche der Schlag, als ich die Sandröhrlinge anbriet. Von einer Sekunde auf die andere war ich über den Geruch, den der Pilz in der Pfanne entwickelte, in meine Kindheit versetzt. Ich hatte einen Geruch-Flashback. So etwas nennt man den „Proust- oder Madeleine-Effekt", zurückzuführen auf den Schriftsteller Marcel Proust, der 1910 die Protagonistin Madeleine in seinem Roman „Auf der Suche nach der verlorenen Zeit" Ähnliches widerfahren lässt.

Ich war auf jeden Fall wie weggebeamt. Aber positiv. Und ich verband den Geruch mit etwas Positivem, Wohligem. Ich fühlte mich Zuhause. Völlig absurd und völlig crazy, wozu unser Hirn in der Lage ist. Fünfundzwanzig Jahre später! Ich war baff.

SCHLICHT GEWINNT

Ich machte mir die Pilze so, wie ich sie gerne mache, wenn ich den Geschmack unverfälscht genießen möchte: sehr scharf anbraten, mit Salz und Pfeffer abschmecken, bisschen Butter dran, fertig. Dazu eine Scheibe Brot und

Ist es nicht erstaunlich, wie Erinnerungen an einen bestimmten Geschmack oder Geruch geknüpft sind?

UNAUFFÄLLIG SCHÖNE OPTIK, auffällig schöner Geschmack. Der Sandröhrling ist mit seiner unauffälligen Erscheinung eher ein Underdog im Wald. Er schmeckt aber sehr lecker.

IM KIEFERNFORST kann man gezielt nach Sandröhrlingen suchen. Diese lieben sandig-saure Böden und leben in einer treuen Verbindung mit ihrem Mykorrhizapartner. Sie lassen sich von Sommer bis Spätherbst finden und werden oft zu Unrecht stehen gelassen.

gut ist. Und mehr braucht es auch nicht. Zumindest wenn man in Erinnerungen schwelgen möchte und den Geschmack abfeiert. Aber wie gesagt: Auch wenn du keine Erinnerungen an diesen Pilz haben solltest, kannst du dir ganz einfach welche schaffen. Dieser Pilz ist es wert, probiert zu werden. Sein Geruch und sein Aroma sind einzigartig, und ich bin mir sicher, dass er auch in deinem Herzen einen festen Platz finden wird, wenn du ihn einmal probiert hast!

Für mich ist dieser Pilz aber nicht nur eine Kindheitserinnerung. Er ist ein Lehrmeister, der es versteht, mich daran zu erinnern, dass es oft die unscheinbaren, kleinen Dinge im Leben sind, die mehr Aufmerksamkeit verdient haben. Seine Optik ist zunächst unscheinbar. Ton in Ton, matt, unauffällig, beige-ocker, man könnte sie im Vergleich zu anderen Arten als langweilig beschreiben. Aber weit gefehlt! Wer einmal ranzoomt, der wird überrascht werden. In meinen Kursen verteile ich am Anfang der Exkursion immer Lupen an die Teilnehmenden. Das Ziel dieser Übung ist Entschleunigung, Innehalten, Runterkommen, denn wer lang- und achtsam durch den Wald schreitet, findet mehr. Und wie es sich lohnt, Moose, Flechten, Insekten und Pilze in Nahaufnahme zu betrachten!

So ist es auch beim Sandröhrling. Bei näherer Betrachtung offenbart sich plötzlich eine unerwartete Schönheit. Die Huthaut: Sie sieht aus, als hätte der liebe Gott sich einen Spaß erlaubt und den Pilz in Sand gewälzt. Die Textur ist besonders interessant, sie reißt hier und da feldrig auf – es sieht aus wie die Oberfläche eines fernen Planeten, auf dem Aliens zuhause sind. Jeder Fruchtkörper ist dabei anders und hat ein eigenwilliges Muster – wie die Streifen eines Zebras oder die Punkte am Bauch eines Mantarochens, die so individuell sind, dass man die Individuen daran unterscheiden kann. Für mich ist jeder Fruchtkörper daher ein eigenes, kleines Wunder, dass es verdient hat, dass wir uns ihm widmen.

STECKBRIEF

AUSSEHEN:

> Hut 3–12 cm, manchmal bis zu 15 cm Durchmesser, dunkelgelb, gelbocker, ockerbraun bis olivocker, matt-körnige, filzige, rauhe Huthaut, teils etwas felderig aufreißend, bei längerem Regen schmierig. Rand in jungem Stadium leicht überstehend und eingerollt, scharfkantig.

> Stiel: festfleischig, stabil, 5–10 cm, selten bis zu 12 cm lang, bis maximal 3 cm im Durchmesser, heller als der Hut, aber im gleichen Farbspektrum, bei Verletzung blauend, fein braunkörnig überreift, kräftig, zylindrisch bis keulig, zur Basis verdickt. Ohne Ring.

> Röhren: rostgelb, rostbraun, bräunlich, ockerfarben, alt schmutzig olivbraun, kurz und kaum vom Fleisch lösbar, etwas herablaufend, auf Druck etwas blauend und später wieder entfärbend.

SPORENPULVER:

> Oliv-, walnuss-, ockerbraun (Dunkelsporer).

VERBREITUNG UND VORKOMMEN:

> Symbiosepilz, bei Kiefern, auf sandigen sauren Böden, in ganz Europa zu finden.

> Sommer bis Herbst.

WISSENSWERTES:

> Gehört zu den Schmierröhrlingen, sieht aber filzig aus.

SPEISEWERT:

> Einer der besten Speisepilze. Sehr eigener Geschmack.

VERWECHSLUNGSGEFAHR:

> Kuhröhrling (*Suillus bovinus*), essbar, Goldröhrling (*Suillus grevillei*), essbar, Rostroter Lärchenröhrling (*Suillus tridentinus*), essbar, andere Röhrlinge.

Der Steinpilz – der König des Waldes

BOLETUS EDULIS

Der Steinpilz wird von einigen zu Recht als „König des Waldes“ betitelt. Kaum ein Pilz kommt so stabil und knackig daher und bietet solch kulinarische Freuden. Das feste Fleisch kann roh gegessen werden und die kernige Konsistenz soll zu seinem Namen geführt haben – er ist fest und hart wie ein Stein. Er läuft aber auch unter dem Namen „Herrenpilz“ – was darauf schließen lässt, dass er schon immer als etwas Feines galt.

IN DEN herbstlichen Wäldern, wo die Blätter in warmen Farben glühen und die Natur sich auf den Winter vorbereitet, tritt ein wahrer Held auf die Bühne – der Fichtensteinpilz, der König des Waldes, der heilige Gral. Steinpilze lassen sich zu Recht jeden Herbst auf den Speisekarten der Spitzengastronomie finden, ihr Geschmack ist einfach Königsklasse. Er ist einer der populärsten Speisepilze überhaupt. Zum Glück ist dieser Pilz recht häufig zu finden und selbst für Einsteiger ist seine Identifikation ein leichtes Spiel, ein weiterer Grund, warum er sich großer Beliebtheit erfreut.

EIN FREUND DES NADELHOLZES

Wer den König des Waldes ausfindig machen will, konzentriert sich am besten auf Waldgebiete, die von Fichten und Nadelbäumen dominiert werden. Der (Fichten-)Steinpilz ist nämlich ein Mykorrhizapilz und verrät in seinem Namen bereits, wo er anzutreffen ist. Wenn solche Wälder bei dir schwer zu finden sind: Keine Sorge, so ganz genau nimmt es dieser Pilz nicht mit seinen Symbiosepartnern. Man kann den Pilz auch bei Eichen, Hainbuchen, Linden, Kastanien, Buchen, Birken und anderen Laubbäumen finden.

Die ideale Sammelzeit für Fichtensteinpilze liegt in den Herbstmonaten, üblicherweise von August bis Oktober. Während dieser Zeit erscheinen die Fruchtkörper des Fichtensteinpilzes in großer Zahl. Seine ersten Fruchtkörper zeigen sich aber gerne auch schon im Sommer – wenn es denn genug geregnet hat.

Wenn man einen Spot gefunden hat, an dem sich Exemplare zeigen, lohnt es sich wie immer, diesen auf einer Karte zu markieren und immer mal wieder zu schauen, ob es wieder an der Zeit ist, zu ernten. Die Fruchtkörper kommen jedes Jahr an genau den gleichen Stellen wieder.

Ich habe mittlerweile Spots, die ich jeden Morgen zur Dämmerung aufsuche und die so viele Pilze liefern, dass ich einfach nur abernten muss. Ein Korb ist dann innerhalb weniger Minuten gefüllt, sowas macht natürlich richtig Laune. Und die Fruchtkörper dieses Pilzes haben schon etwas sehr Majestätisches an sich. Sie sind so fest und knackig, dass man ihrer Schönheit leicht erliegt. Und dann dieses weiße Stielnetz! Wie ein kleines Kunstwerk. Es zeigt sich am ausgeprägtesten am oberen Ende des Stiels, direkt unter dem Hut, und gehört zu den wichtigsten Erkennungsmerkmalen.

EIN STANDORTTREUER ARISTOKRAT

Es gibt nämlich einen fiesen Doppelgänger, der Identitätsdiebstahl betreibt und sich auf den ersten Blick als Steini ausgibt: der Gallenröhrling *(Tylopilus felleus)*. Dieser schmeckt – wie soll ich es anders sagen – zum Kotzen. Er ist derart bitter, dass er mir nichts, dir nichts, die gesamte Pilzpfanne versaut, wenn auch nur ein einziges Exemplar mit hinein wandert. Im Gegensatz zum Steinpilz hat er aber ein dunkles Stielnetz und leicht rosa Röhren. Wenn du dir nicht sicher bist, mit wem du es zu tun hast, hilft eine Geschmacksprobe. Einfach an einer Ecke des Pilzes lecken oder ein kleines Stück probieren. Entweder es bleibt mild und schmeckt angenehm pilzig, oder es wird bitter und richtig ekelig. Dass man die Geschmacksprobe in diesem Falle wieder ausspucken sollte, brauche ich nicht zu erwähnen, das passiert reflexartig und ganz automatisch. Von diesem widerwärtigen Geschmack hat man dann ein paar Minuten lang was, und glaube mir: Wenn du es einmal erlebt hast, wirst du nie wieder eine Probe machen wollen.

Wenn du es aber mit dem Original zu tun hast, kannst du getrost ein paar große Stücke probieren. Mir schmecken Steinpilze roh sogar besser als gebraten, auch wenn die Wärmebehandlung nie schadet.

Voraussetzung für ein ordentliches Wachstum ist bei diesem Pilz – wie bei so vielen Arten – genügend Niederschlag. Wenn es mal ein paar Tage am Stück geregnet hat, sprießen im Herbst ganze Trupps zwischen den Fichten empor, meistens über Nacht. In trockeneren Herbsten oder nach einem Dürresommer kann man trotzdem manchmal ein paar Exemplare finden, leider neigen diese dann aber dazu, als Herberge für die Kinderstube von Mücken- und Fliegenlarven misbraucht zu werden. Klar, die Made lebt

Obwohl der Pilz leicht zu erkennen ist, herrscht über die Abgrenzung verschiedener Unterarten beim Steinpilz keine Einigkeit.

VON KLEIN NACH GANZ GROSS: Oft findet man rings um Nadelbäume gleich mehrere Fruchtkörper des Fichtensteinpilzes. Ich bevorzuge „Champagnerkorken" – die kleineren.

KNACKIG UND STABIL: Kaum ein Pilz strotzt dermaßen vor Kraft und Energie wie der Steinpilz. Er gilt zu Recht als einer der besten Speisepilze überhaupt.

gerne im Speck, wer kann es ihr verübeln. Auch sie hat es gerne feucht, Pilze bieten inmitten der Dürre dann kleine Wohlfühloasen und werden zu Massenherbergen.

DIE NICHT GANZ SO HARTEN BLEIBEN IM GARTEN

——— Um zu checken, ob Pilze „bewohnt" sind oder nicht, kann ich gar nicht anders, als auf ihnen rum zu trommeln. Am Sound höre ich dann, ob ich eine Niete gezogen habe, oder der Pilz hart und knackig ist. Als Nächstes mache ich einen Drucktest. Bleibt eine Delle im Hut, wenn ich mit dem Finger reindrücke, ist die Eiweißzersetzung bereits im Gange und ich brauche ihn gar nicht erst pflücken, der Fruchtkörper verbleibt dann an Ort und Stelle zum Aussporen. Generell nehme ich nur junge, knackige Exemplare mit. Zum einen werden Steinis im Alter gerne matschig, zum anderen sind die kleinen meist unbewohnt. Am allermeisten freue ich mich bei Steinpilzen über „Champagnerkorken", kleine knackige Fruchtkörper mit einer Größe bis sieben Zentimetern und einem Hut, der noch nicht wirklich aufgegangen ist. Oftmals finde ich diese Premium-Exemplare unter kleinen Hügeln von Nadelstreu rund um die Bäume, und jedesmal ist es so, als hätte ich einen Schatz gefunden, wenn sich bestätigt, dass unter der Erhebung wirklich ein kleiner Steini nur auf mich gewartet hat. Ein neues, lustiges Level im Pilzgame: nicht Pilze, sondern kleine Nadelstreu-Hügel suchen. Die meisten Fichtensteinpilze finde ich übrigens auf sandigen Heideflächen im Berliner Umland, in denen neben Birken vereinzelte Kiefern wachsen. Soviel zum Thema Symbiosepartner und Baumwahl.

——— Beeindruckend ist, wie schnell dieser Pilz wächst. Manchmal drehe ich morgens eine Runde an meinen bekannten Stellen. Wenn nichts zu finden ist, komme ich abends nochmal wieder, und häufig finde ich dann wirklich Exemplare – keine zehn Stunden später. Jedes Jahr nehme ich mir aufs Neue vor, mitten in meinem Hotspot zu zelten und ihnen mit einer Kamera im Zeitraffermodus beim wachsen zuzuschauen. Steht nach wie vor weit oben auf der Bucketlist!

STECKBRIEF

AUSSEHEN:

- Hüte 4–12 cm Durchmesser, braun bis hellbraun, wildlederartig, gerne mit weißem Hutrand.
- Stiele 5–15 cm hoch, 3–8 cm dick. Weißliche Grundfarbe, bräunlich überfasert und mit einem weißen Stielnetz versehen (besonders unter dem Hut). Das Netz kann im Alter braun werden. Stielform gerne bauchig, gebogen.
- Röhren: Weißlich, gelblich, gelbgrün, später olivgrün.

VERBREITUNG UND VORKOMMEN:

- Nadelwald, Mischwald, gerne auf sauren Böden.
- In ganz Europa verbreitet.
- Frühsommer bis Spätherbst.

SPORENPULVER:

- Olivbraun (Dunkelsporer).

WISSENSWERTES:

- Roh essbar.
- Nimmt es nicht so genau mit Symbiosepartnern. Kann auch bei Tannen, Kiefern, aber auch bei Eichen, Hainbuchen, Linden, Kastanien, Buchen, Birken und anderen Laubbäumen wachsen.

VERWECHSLUNGSGEFAHR:

- Andere essbare Röhrlinge wie:
- Kiefernsteinpilz (*Boletus pinophilus*).
- Eichensteinpilz (*Boletus reticulatus*).
- Marone (*Imleria badia*).
- Gallenröhrling (*Tylopilus felleus*), dieser hat ein schwarzes Stielnetz und leicht rosa Röhren und schmeckt bitter.

Die Marone – die ewige Zweitbeste

IMLERIA BADIA

Müsste man die Marone mit einem Fußballverein vergleichen: Der FC Bayern München wäre sie auf keinen Fall. Sie spielt zwar schon seit Menschgedenken in der Ersten Liga mit, aber Meister? Dafür hat es nie gereicht. Die Marone ist die ewige Zweite, immer im Schatten eines anderen Großen in der Röhrlings-Liga spielend. Jeder kennt sie, jeder liebt sie. Und doch kann sie den Platz nicht einnehmen, der ihr eigentlich gebührt. Oder doch?

wirklich überall und massenhaft vor, sei es im Kiefernforst, im Mischwald oder im Buchenhain. Er sieht aus wie der Prototyp eines Röhrlings: fester brauner Hut mit beigem Stiel, dazu feine Röhren, die bei Druck gerne blau anlaufen. Er ist ein Symbiosepilz, der sich mit zahlreichen Partnern zusammentun kann und sehr flexibel ist. Und er ist zu Recht einer der beliebtesten Speisepilze aller Zeiten. Denn er schmeckt einfach. Und zwar so, wie man sich einen Waldpilz vorstellt. Erdig, nussig, pilzig, komplex und voller Tiefe. Ich muss somit eine Lanze für die Marone brechen. Aber nicht nur wegen des Geschmacks, sondern weil bei mir – wie bei so vielen – meine selbstbestimmte Reise in die Welt der Pilze mit dieser Art beginnt.

JAHRMARKT DER EITELKEITEN

Mit Anfang 20, also um die 2000er Jahre, wohnte ich in St. Georg, dem Stadtteil Hamburgs, der vor allem für Drogen und den Junkiestrich bekannt ist. Es war laut, dreckig und stressig, ich wohnte fußläufig vom Hauptbahnhof entfernt, war gerade von zuhause ausgezogen und versuchte, mein Leben auf die Kette zu kriegen, oder zumindest einen Plan zu entwerfen, wo die Reise hingehen sollte.

Mehrere Kunsthochschulen lehnten mich ab, „etwas Anständiges“ studieren wollte ich nicht, und so fing ich an, zu fotografieren und bei großen Fotografen zu assistieren. Ich lernte alles von der Pike auf, machte unzählige Überstunden, hängte mich richtig rein und durfte schnell die ersten großen Shootings begleiten. Ich flog nach London, um mit Claudia Schiffer zu arbeiten, war ein paar Tage in Paris oder Mailand, ich führte ein unstetes Leben. Die Winter verbrachte ich in Südafrika, weil man dort wunderbar als Assistent für verschiedenste Knipser und Produktionsfirmen arbeiten konnte. Nachts ging ich in der Regel noch raus und meiner Leidenschaft nach: Graffiti zu malen. Ich schlief wenig und lebte ungesund, meine Hauptmahlzeiten bestanden lange aus Dürümdöner und Bier.

Ich war ein Stück weit verloren, auch wenn mein Leben von außen betrachtet super glamourös aussah und mir in Sachen Coolness und Streetcredibility niemand etwas vorzumachen brauchte. Wenn ich ehrlich bin, war ich aber vor allem orientierungslos und entkoppelt von mir selbst.

FLUCHT IN DEN WALD

Also suchte ich Erdung und Ausgleich im Wald. Wenn ich mal wieder nicht wusste wohin mit mir selbst, ging ich in den Wald und vollführte komische Kunstexperimente. Ich suchte Baumstämme, die große Astlöcher oder abgeplatzte Rindenstücke hatten, und malte – mit umweltfreundlicher Farbe – Muster auf diese „Wunden“. Ich freute mich jedesmal diebisch bei der Vorstellung, dass jemand bei seinem Waldspaziergang meine kleinen versteckten Kunstwerke finden würde. Wenn ich diese Experimente heute machen würde, würde ich vermutlich eine Wildkamera irgendwo hinhängen, um die Reaktionen der Leute zu beobachten und festzuhalten.

Aber auch so war es schön, denn der Gedanke allein machte mich schon glücklich. Das Wissen um die Vergänglichkeit dieser Werke rundete das Ganze für mich ab, schließlich ist alles immer vergänglich und nur eine Momentaufnahme in einer menschgemachten Zeitrechnung, manche Dinge überdauern ein paar Generationen mehr als andere, aber am Ende gewinnt immer die Natur und holt sich alles zurück.

Bei meinen Kunsttouren stolperte ich natürlich über allerlei Pilze.

Ich erinnerte mich an die Ausflüge aus meiner Kindheit, bei denen meine Eltern mit uns in den umliegenden Wäldern Röhrlinge sammelten, und daran, dass Pilze einen Schwamm unter dem Hut haben sollten, um essbar zu sein. Mit dieser simplen Regel bewaffnet, wagte ich mich in die Welt der Fungi. Mein Sammelspot im Sachsenwald war reich an Möglichkeiten, auch wenn ich damals noch wenig darüber wusste.

Der Wald, geprägt von einem guten Buchenbestand, bot sicherlich mehr als nur Maronen. Doch ich konzentrierte mich zunächst auf die kleinen braunen Kappen, die überall zu fin-

Bräunl, Frauenschwamm, Graspilz, Marienpilz, Schmalpilzl, Weishedl – so lauten ein paar Namen der Marone.

JEDER KENNT SIE, JEDER LIEBT SIE und auch geschmacklich ist sie top. Die Marone ist ein hervorragender Einsteigerpilz, der sich nicht zu verstecken braucht.

SO SOLLTEN SIE aussehen: ohne Schimmel- oder Madenbefall, jung und knackig. Bei Maronen sollte man beim Sammeln unbedingt den Drucktest im Hut machen: Bleibt eine Delle zurück, ist der Pilz nicht mehr genießbar. Das Blauen der Röhren ist hingegen normal.

den waren. Wenn ich mal was anderes sammelte, dann Steinpilze – oder das, was ich dafür hielt. Zum Glück hatte ich einen Bekannten, der absoluter Profi war und mir die Gallenröhrlinge aussortierte, wenn ich ihm voller Stolz meine Funde zum Kontrollieren brachte.

Zu dieser Zeit war ich arm wie eine Kirchenmaus. Was ich aber im Überfluss hatte, waren Freunde, unendliche Energie und ein großer Enthusiasmus für neue Erfahrungen. Meine Sammeltouren wurden länger, und ich begann, Pilze zu sammeln, um meine Freunde damit zu bekochen. Plötzlich konnte ich große Dinnerabende in meiner kleinen Studentenbude veranstalten und obendrein noch den großen Gönner geben. Mein Wissensschatz über Pilze war aber zu dieser Zeit noch begrenzt, und so landeten fast ausschließlich Maronen in meiner Pfanne und auf den Tellern meiner Freunde. Sei es drum, wir genossen zahlreiche Abende mit Pasta, Wein und Pilzpfannen – dank dieser großartigen Delikatesse. Denn das ist sie, die Marone. Sie ist geschmacklich wirklich toll – und dem Steinpilz ebenbürtig – auch wenn sie der Mainstreampilz schlechthin ist.

Einfach zu bestimmen und reichlich vorhanden, wurde sie zu meinem ständigen Begleiter und sorgte dafür, dass mein Freundeskreis zusammengehalten und ich „renaturiert“ wurde. Inmitten meiner Suche nach Identität und Richtung fand ich Erfüllung im Sammeln und Zubereiten dieser verlässlichen Pilzart. Heute, wenn ich an meine Anfänge mit Pilzen denke, denke ich an die Marone, die mir nicht nur den Weg durch den Wald wies, sondern auch einen Weg zu mir selbst. Sie ist und bleibt der meistgesammelte Pilz in meinem Herzen und bestimmt auch in vielen Sammelkörben. Lasst uns die Marone huldigen und ihr den Respekt erweisen, den sie verdient hat!

STECKBRIEF

AUSSEHEN:

- Hut: 2–12 (15) cm Durchmesser, orangebraun bis dunkelbraun, feinfilzig, bei Nässe schmierig.
- Stiel: ringlos, fest, zylindrisch zulaufend, teil mit verdickter Stielbasis, beige mit leichter rehbrauner Maserung, keine Flocken, kein Netz.
- Röhren: bei Verletzung blauend, jung blass gelb-grünlich über olivgrün bis hin zu braun im Alter, ausgebuchtet am Stiel angewachsen.

SPORENPULVER:

- Oliv (Dunkelsporer).

GERUCH:

- Angenehm pilzig, mild.

VERBREITUNG UND VORKOMMEN:

- Symbiosepilz, Misch- und Nadelwald, saurer Boden. Häufig anzutreffen.
- Sommer bis Spätherbst.

WISSENSWERTES:

- Die Marone ist sehr anfällig für Goldschimmel (DNA- schädigend) und neigt außerdem dazu, schnell matschig zu werden. Immer die Röhren checken, sollten diese einen grauen Schleier haben, Pilze nicht verwenden. Außerdem Drucktest machen und nur Exemplare mitnehmen, die fest und knackig sind. Sonst droht eine falsche Pilzvergiftung, ausgelöst durch fortschreitende Eiweißzersetzung.

SPEISEWERT:

- Sehr guter Speisepilz, dem Steinpilz ebenbürtig.

VERWECHSLUNGSGEFAHR:

- Steinpilz (*Boletus edulis*), essbar, Ziegenlippe (*Xerocomus subtomentosus*), essbar, Rotfußröhrling (*Xerocomellus chrysenteron*), essbar.

Die Krause Glucke – die Waldkoralle

SPARASSIS CRISPA

Es gibt Pilze, die stehen auf der Bucketlist ganz oben und müssen einfach gefunden werden. Wie ein Level eines Spiels, das durchgespielt werden muss, komme was wolle. Zu diesen Pilzen gehört die Krause Glucke. Auch sie muss man gefunden haben, möchte man in den Kreis der ernstzunehmenden Pilzsammler aufgenommen werden. Sie ist eine Benchmark, die geknackt werden muss. Meistens ist das aber nur eine Frage der Zeit.

DIE KRAUSE Glucke oder Fette Henne gehört zu meinen Alltime-Favorites. Sie bringt einen unverwechselbaren, fein nussigen Geschmack mit und ist eine wahre Delikatesse. In ihrem Aussehen erinnert sie an einen Badeschwamm. Sie ist ein parasitär lebender Pilz, der sich hauptsächlich von Kiefern ernährt und diese befällt. So ist die Suche nach diesem besonderen Geschmackserlebnis auch gar nicht so kompliziert, wie es zunächst scheint. Alles, was man braucht, ist ein Kiefernforst – davon gibt es in vielen Teilen Deutschlands dank der monokulturell bewirtschafteten Waldflächen ja bekanntlich genug – und ein Quäntchen Glück.

DIE GLUCKE GACKERN HÖREN

Meistens stechen einem die üppigen korallenähnlichen Schwämme schon von weitem ins Auge. Der eigentliche Pilz lebt im Inneren des Baumes und löst dort Fäule aus. Danach lebt er saprophytisch weiter und zersetzt sein Opfer. Was wir sammeln sind also nur die Fruchtkörper, die zur Sporenverbreitung dienen. Hat man einmal einen infizierten Baum gefunden, ist die Wahrscheinlichkeit sehr groß, dass man in den Folgejahren an derselben Stelle erneut fette Ernte einfahren kann. Natürlich muss das Timing stimmen, denn Glucken wachsen nicht das ganze Jahr über. Sie zeigen ihre Früchte wie die meisten Pilze in der Hauptsaison – von Sommer bis Herbst.

Das Schöne ist, dass sie relativ unabhängig von Niederschlägen wachsen und somit auch in Zeiten der absoluten Trockenheit vorkommen. Sie beziehen ihren Wasser- und Nährstoffbedarf nämlich direkt aus ihrem Wirt, der Kiefer, und somit ist es ihnen relativ egal, ob es regnet oder nicht. Natürlich hilft Feuchtigkeit, Fruchtkörper auszubilden, die nicht gleich austrocknen, sobald sie „geschlüpft" sind; davon abgesehen kann man aber auch im Hochsommer, selbst nach Wochen der Dürre, tolle Exemplare finden. Ein einziger Pilz kann schon mal bis zu fünf Kilo auf die Waage bringen und so groß werden, dass er in keinen Korb mehr passt. Ich habe schon Glucken gesehen, die waren einen halben Meter groß und breit. Macht man sich gezielt auf die Suche nach diesem Pilz, lohnt es sich, das Sammelgebiet einmal vorher abzustecken und gezielt nach Planquadraten abzulaufen. Ist ein bißchen robotermäßig.

Ein Glück, dass die Forstwirtschaft hier endlich mal mitgedacht und die Kiefern in den Forsten akkurat in Reihe gepflanzt hat. So kann man Reihe für Reihe ablaufen und jeden Kiefernstamm auf Bodenhöhe inspizieren. Es gilt natürlich, jede Kiefer einmal zu umrunden, da der Pilz immer am Fuße des Stammes oder auf der Wurzel wächst, und so kommt man sich nach einer Weile vor, als sei man in einem Achtzigerjahre-Videospiel wie „Snake" gefangen, in dem es darum geht, sich durch ein eckiges Labyrinth zu navigieren und „Häppchen" einzusammeln.

Das mag erstmal etwas komisch und technisch erscheinen, ist aber wirklich eine gute Strategie, um fündig zu werden. Manchmal muss man eben die Extrameile gehen, um belohnt zu werden. Wem das zu doof ist, der kann auch einfach darauf hoffen, irgendwann mal über ein Exemplar zu stolpern. Die Krause Glucke übersieht man nicht, unmöglich.

MIT SYSTEM ZUM SAMMLERFOLG

So ist es also nur eine Frage der Zeit, dass man sie findet. Kiefernforst als Sammelgebiet wählen, rumlaufen, fertig.

Der einzige Minuspunkt bei der Glucke ist die Reinigung. Die Fruchtkörper sind so gewunden und verwachsen, dass sich in ihrem Inneren gerne Kiefernnadeln, Dreck oder kleine Insekten finden. Am einfachsten reinigt sich die Glucke daher unter der Duschbrause oder in einem Wasserbad. Im Gegensatz zu anderen Pilzen, die Wasser wie ein Schwamm aufnehmen, ist der Einsatz der Dusche bei der Glucke kein Problem: den Pilz einfach auseinanderrupfen oder in grobe Scheiben schneiden, reinigen und anschließend in der Salatschleuder trocknen und auf Küchenpapier ausbreiten. Den dicken Strunk sollte man weglassen, der ist holzig und bitter. Da der Pilz in der Regel ertragreich ist, braucht man ihn auch nicht.

Eine Augenweide im Wald, die schon von weitem auffällt.

SIEHT AUS WIE ein Badeschwamm: Die Fette Henne befällt vor allem Kiefern und wächst erst parasitär und später folgezersetzend auf ihren Wurzeln.

DIE VERWUNDENEN Fruchtkörper erinnern von der Konsistenz an Morcheln. Sie sind irgendwo zwischen brüchig und gummiartig. Am besten zerkleinert man sie und reinigt sie mit der Duschbrause oder im Wasserbad. Man kann sie danach auch sehr gut dörren.

Der Geruch einer Glucke ist mild pilzig, ein bißchen süßlich, vielleicht erinnert er ganz leicht an Morcheln, es ist schwer zu beschreiben. Seine Nase in den Pilz zu stecken ist auf jeden Fall lustig, denn meistens sind die Fruchtkörper genauso groß wie der eigene Kopf.

Der Geschmack der Glucke entschädigt für so manche Blase am Hacken oder die Extraarbeit, die der Pilz zuhause macht – er ist wirklich einzigartig. Sie bringt ein fein-nussiges Aroma mit, wie ich sie von keinem anderen Pilz kenne. Am besten entfaltet sich dieses übrigens, wenn man den Pilz dörrt und wieder in Wasser einlegt, bevor man ihn weiterverarbeitet. Bei diesem Prozess entfaltet sich die Nussigkeit noch einmal besonders stark. Das Fleisch des Pilzes ist gummiartig und brüchig. Bei der Zubereitung bleibt es angenehm bissig und matscht nicht durch. Es wird beim Kochen weniger brüchig und erinnert an auf den Punkt gekochte Pasta. Man kann den Pilz auf alle erdenklichen Arten kredenzen: Angebraten oder knusprig frittiert schmeckt er genauso gut wie in einer Pilzsuppe gekocht, und sein Aussehen zaubert sofort Raffinesse in jedes Gericht. Ich habe eine besonders emotionale Beziehung zu dieser Art, denn sie wurde mir von meinem Lieblingsonkel Willi ans Herz gelegt. Dieser war Jäger und verbrachte unzählige Tage und Nächte im Wald. Über eine gefundene Glucke freute er sich jedesmal sehr, und oft war sie für uns der Einstieg in abendfüllende, bereichernde Gespräche bei leckerstem Essen und einer Flasche gutem Wein. Leider weilt Willi mittlerweile nicht mehr unter uns.

WAS BLEIBT

Was aber bleibt, ist die vererbte Liebe für den Wald und diesen Pilz, die er mir unweigerlich mit auf den Weg gegeben hat. Er war ein Mann, der wie ich keine Lust auf überflüssige Gespräche hatte und Menschen nur bedingt ertrug. Jedesmal, wenn ich eine Glucke finde, denke ich an ihn und die unzähligen Witze und Weisheiten, die von ihm kamen. Somit lebt die Erinnerung an diesen wunderbaren Menschen immer weiter und wird bei jedem Fund reaktiviert. Rest in Peace, Willi. Und danke, dass du mich mit der Glucke bekannt gemacht hast.

STECKBRIEF

AUSSEHEN:

> Fruchtkörper: 10 – 30 (50) cm Durchmesser, weißlich-gelblich, brüchig, morchelartig, weiß bis hellgelb, elastisch und doch zäh, gummiartig, jung marmoriert wirkend.

> Stiel: Der Strunk, der die Glucke mit ihrem Wirt verbindet, ist zäh und sollte nicht gegessen werden, da er zu Unverträglichkeitsreaktionen wie Übelkeit und Erbrechen führen kann.

GERUCH:

> Mild, an Haselnuss erinnernd.

VERBREITUNG UND VORKOMMEN:

> Sommer bis Spätherbst.

> Parasit und Saprobiont, am Wurzelgeflecht von Kiefern, seltener an anderem Nadelholz wie Fichte erscheinend.

WISSENSWERTES:

> Kann einen halben Meter groß werden.

SPEISEWERT:

> Sehr guter Speisepilz, feiner Geschmack.

VERWECHSLUNGSGEFAHR:

> Breitblättrige Glucke (*Sparassis brevipes*), essbar aber minderwertig.

> Verschiedene Korallenpilze.

> Igelstachelbart (*Hericium erinaceus*), essbar.

> Eichhase (*Polyporus umbellatus*), essbar.

Der Birkenröhrling – ein Pilz mit Skandi-Charme

LECCINUM SCABRUM

Der Birkenpilz erweist sich als vorzüglicher Einsteigerpilz für Pilzsammler. Er ist vergleichsweise leicht zu identifizieren und kulinarisch ansprechend. Die Suche nach ihm nimmt dich mit auf einen Kurzurlaub nach Skandinavien, egal wo du ihn sammelst. Er sieht aus wie das Masterpiece eines schwedischen Designers – kühl, elegant, klar und doch irgendwie schroff, eine Mischung aus Gestaltung und Landschaft.

einer, der es genau nimmt. Der sich an das hält, was man von ihm erwartet. Einer, der Kante zeigt und keine bösen Überraschungen bereithält, oder sich dort versteckt, wo man ihn nicht vermuten würde. Der Birkenpilz ist ein geradliniger Pilz, klar wie skandinavisches Design. Und das nicht nur wegen seiner lang gewachsenen Stiele. Man findet ihn – wie der Name schon sagt – bei Birken. Und sonst nirgends. Nicht im Nadelwald, nicht bei Buchen, nicht bei Linden oder Eichen, nur bei Birken. Das macht die Suche nach ihm so angenehm und verlässlich. Der Birkenpilz ist eine sichere Bank, auf die man sich verlassen kann. Auch geschmacklich. Er schmeckt so, wie er schmecken muss – nach Waldpilz.

ZUR RICHTIGEN ZEIT AM RICHTIGEN ORT

Das Einzige, was der Birkenröhrling dir abverlangt, ist Timing. Mehr nicht. Du musst einfach nur zur rechten Zeit am rechten Ort, bei Birken, sein und wirst von ihm belohnt. Wer allerdings zu spät kommt, den bestraft das Leben, das ist allgemein bekannt und auch hier nicht anders. Vielleicht ist er auch ein bisschen spießig, aber er nimmt es schon sehr genau mit der Pünktlichkeit – wer zu spät zum Ernten kommt, der findet nur noch matschige Exemplare dieses wundervollen Speisepilzes. Aber nicht zu lange ärgern bitte, denn der nächste Schub kommt ganz bestimmt.

Der Pilz neigt leider dazu, sehr schnell matschig zu werden und sich dabei in eine ziemlich unappetitliche Masse aufzulösen. Schon wenige Stunden, nachdem der Fruchtkörper die Welt erblickt hat, verlieren die Hüte an Festigkeit, und so muss man sich beeilen, wenn man eine knackige Pilzpfanne vom Birkenpilz machen will. Ansonsten ist er ein wirklich dankbarer Zeitgenosse – selten von Maden befallen, einfach zu bestimmen, schmackhaft.

Und für mich ist er, wie jeder Pilz auf seine individuelle Art, ein kleines Wunder.

Er hat sich im Laufe der Evolution so perfekt an seine Umgebung angepasst, dass man meinen könnte, es wäre Magie im Spiel.

HÜBSCH, ABER GUT GETARNT

Sein rauer Stiel, der mit schwarzen, unregelmäßigen Flocken übersät ist, erinnert an seine Umgebung: Die kleinen Ständer sehen aus wie die Stämme von Miniaturbirken. Und auch die Hüte machen es dem Pilzsammler nicht unbedingt einfach: Sie verschmelzen mit den dunkelbraunen Blättern, die die Birke im Herbst fallen lässt. Doch die perfekte Tarnung hilft nur bedingt, denn wer suchet, der findet, und es hat sich rumgesprochen, dass es sich für diesen Leckerbissen durchaus lohnt, ein paar Birken im Wald zu umrunden.

Mich nimmt der Pilz immer unweigerlich mit nach Skandinavien, jedes Mal, wenn ich Birkenpilze sammle, sehe ich mich im Kopf irgendwo in Norwegen am Fjord oder in einem Birkenwald in Schweden stehen.

Ich habe eine besonders schöne Erinnerung an diesen Pilz: Vor ein paar Jahren machte ich eine Angelreise mit meinen besten Freunden in den hohen Norden. Wir waren in Norwegen unterwegs, kurz unterhalb des Polarkreises. Lebensmittel kosten dort gefühlt das Doppelte wie bei uns, und so beschlossen wir (lange vor dem heutigen Outdoor- und Survivaltrend), möglichst von dem zu leben, was wir fangen und finden. Natürlich hatten wir auch Essen dabei, aber wir hatten Bock auf die Herausforderung, und so landeten eben zahlreiche Geschenke der Natur auf unserem Teller. Neben Heilbutt, Dorsch, Rotbarsch und Seelachs, die wir mal als Sashimi, mal gegrillt zubereiteten, aßen wir die tollsten Pilze der nördlichen Hemisphäre. Es gab Rotkappen, Steinpilze, Pfifferlinge und Birkenröhrlinge in allen Variationen. Am tollsten schmeckten die Schätze am Feuer unterm Sternenhimmel.

Es gab einen kleinen Birkenhain, der unweit unseres Bootsanlegers gelegen war. Dort machten wir jeden Abend ein Lagerfeuer, tranken einen Whisky zu viel und genossen es

Nicht unbedingt leicht zu finden, aber immer bei Birken zu suchen.

DER BIRKENRÖHRLING gehört zu den Raufußröhrlingen. Bei diesem Exemplar, das ich in Norwegen gefunden habe, wird deutlich, warum: Der Name ist Programm.

DIESER RAUFUSSRÖHRLING ist perfekt an seine Umgebung angepasst. Seine Stiele greifen die Birkenrinde in Optik und Haptik auf, die Hüte sind vom herabgefallenen Laub der Birke im Heidekraut kaum zu unterscheiden. Er ist ein Meister der Tarnung.

einfach, zu existieren und Freunde zu sein. Die Pilze wuchsen vor unseren Füßen, wir mussten noch nicht einmal wirklich sammeln gehen, eher pflücken. Es war wirklich paradiesisch.

RUHIG MAL WAS AUSPROBIEREN

Das i-Tüpfelchen waren dann immer die kulinarischen Experimente: Wir spießten junge Birkenpilze wie Stockbrot auf kleine Äste und hielten sie über die Glut und in den Rauch. Seither bin ich der festen Überzeugung, dass Feuer und Pilze einfach zusammengehören, denn wie gut das schmeckt, ist kaum in Worte zu fassen. Pur, klar, simpel und unheimlich kraftvoll. Pilzgeschmack in seiner Reinform. Wahrscheinlich sind es die Erinnerungen an meine zahlreichen Reisen in den Norden, oder es sind die Landschaften, in denen ich den Pilz sammle, die mich daran erinnern. Denn auch bei uns gibt es Gebiete, die das perfekte Habitat bieten und aussehen, als sei man in Skandinavien gelandet. Und nicht nur das Berliner Umland hält Birkenwälder und Heideflächen bereit! Wer eine Heide in der Nähe hat, der ist gut beraten, sich durch das bodendeckende Kraut der Besenheide zu kämpfen und die Birken, die dort wachsen, einmal genauer zu inspizieren. Es wird nicht lange dauern und der Korb ist gefüllt.

Wer keine Heideflächen in der Nähe hat, der sei beruhigt: Überall wo Birken wachsen, findet man diesen Pilz, denn er ist der Symbiosepartner der Birke und lässt diese nicht im Stich. Leider ist umgekehrt die Birke keine Garantie für den Pilz. Aber nachschauen lohnt sich!

STECKBRIEF

AUSSEHEN:

- Gegliedert in Hut und Stiel. Hut 2 - 12 (15) cm im Durchmesser, graubraun bis braun, hellbraun. Feucht schmierig. Schnell vergänglich.
- Stiel: 2 - 6 cm Durchmesser, 6 - 15 cm hoch, schmutzigweiß mit schwarzbraunen Schuppen übersät. Schnell holzig werdend.

RÖHREN:

- Weißlich, später grau, im Alter schnell matschig, leicht vom Hut trennbar. Fleisch weißlich.

SPORENPULVER:

- Gelblich (Hellsporer).

VERBREITUNG UND VORKOMMEN:

- Symbiosepilz, bei Birken vorkommend.
- Sommer bis Spätherbst.

WISSENSWERTES:

- Nur junge, knackige Exemplare sammeln. Der Pilz neigt zu schneller Eiweißzersetzung und wird rasch matschig.

SPEISEWERT:

- Guter Mischpilz.

VERWECHSLUNGSGEFAHR:

- Andere Raufußröhrlinge, wie Vielfärbender Birkenpilz (*Leccinum variicolor*), essbar.
- Moorbirkenpilz (*Leccinum holopus*), essbar.
- Heiderotkappe (*Leccinum versipelle*), essbar.

Der Schopftintling – der Trickbetrüger

COPRINUS COMATUS

Dieser Pilz hat viele Gesichter. Er kommt unscheinbar daher – blütenrein, in ein weißes Gewand gehüllt, unschuldig. Doch er hat es faustdick hinter den Ohren und ist eigentlich ein gemeiner Killer, der seine Opfer lähmt und langsam verdaut. Außerdem ist er der Hüter der verlorenen Zeit, er erinnert uns daran, wie wichtig es ist, im Moment zu leben und jede Minute achtsam zu nutzen. Denn dieser Pilz verschwindet schnell!

besteht quasi aus Wundern. Er schießt über Nacht aus dem Boden und ist schneller wieder verschwunden, als man schauen kann. Er ist häufig in Gärten, auf Wiesen und an Wegrändern anzutreffen. Sein auffälligstes Merkmal ist sein weißer, schopfartiger Hut, der ihm den Namen verleiht und ihn recht putzig, fast schon niedlich aussehen lässt. Er ist ein hervorragender Speisepilz, der – jung gesammelt – geschmacklich an Spargel erinnert und ein feines Aroma mit sich bringt, also wirklich einzigartig schmeckt. Dieser Pilz verfolgt eine ungewöhnliche Strategie, um selbst Nahrung zu gewinnen: Er ist ein sogenannter „Wurmkiller", und das so unschuldig anmutende, weiße Gewand ist eigentlich die Tatwaffe.

VIELFRASS IN WEISS

Das Mysel des Pilzes, also die fadenförmigen Zellen des Pilzorganismus, enthalten Enzyme, die dazu dienen, kleine Insekten und vor allem Würmer anzulocken, zu lähmen und anschließend zu verdauen. Es ist nicht so, dass der Schopftintling allein auf diese Nahrungsquelle angewiesen ist. Eigentlich gehört er zur Aufräumfraktion des Waldes und ist dafür da, Laub oder Grasstreu zu zersetzen und wieder für Pflanzen verfügbar zu machen. Wer kann es ihm verübeln, dass er da ab und zu Abwechslung genießen möchte? Wer hat schon Lust, immer nur das Chaos der anderen aufzuräumen?! Da darf man sich zwischendurch auch mal ruhig mit ein paar Leckerbissen verwöhnen und Abwechslung in den monotonen veganen Speiseplan bringen.

ERDE ZU ERDE, TINTE ZU TINTE

Die biologischen Mechanismen, die ihn zu einem „Wurmkiller" machen, machen ihn auch zu einem interessanten Studienobjekt in der Biologie. Doch er kann noch mehr. So schnelllebig dieser Pilz auch ist, er hat ein Geheimnis parat, mit dem schon viele Geschichten geschrieben wurden. Wenn die Sporen des Schopftintlings reif sind, beginnt der Hut sich zu zersetzen und sich in eine flüssige, schwarze Masse zu verwandeln. Dieser Prozess wird Autolyse genannt und stellt eine Art Selbstverdauung dar. Der eben noch festflauschige weiße Hut der Fruchtkörper beginnt, sich vom unteren Rand aus nach oben hin aufzulösen und zerfließt zu schwarzer Tinte. Wer schnell genug ist, kann sich dies zu Nutzen machen und eine schöne Erinnerung konservieren, die lebendig ist und Geschichten schreiben kann, wie sie sich nur der Wald ausdenkt.

In der Vergangenheit wurde die Tinte des Schopftintlings für Schreib- und Zeichenzwecke verwendet. Insbesondere im Mittelalter wurde sie aufgrund ihrer Verfügbarkeit und des Fehlens von alternativen Tintenquellen genutzt. Allerdings war die Qualität der Tinte des Schopftintlings nicht besonders hoch, da sie dazu neigte, schnell zu verderben und verblassen. Mit der Zeit wurden andere Tintenquellen populärer, da sie langlebiger und widerstandsfähiger gegenüber Umwelteinflüssen waren. Die Nutzung der Schopftintlingtinte ging daher mit der Entwicklung von effizienteren Tinten zurück.

Heutzutage spielt die Tinte keine Rolle mehr, aber wer Lust auf Experimente hat, sollte den Herstellungsprozess einmal ausprobieren. Hierzu nimmt man einfach ein paar Fruchtkörper und stellt sie bei Raumtemperatur in ein hohes Glas. Innerhalb weniger Stunden zerfließen die Pilze und die Tinte sammelt sich. Abgesiebt kann man nun für bessere Fließeigenschaften ein wenig Gummi arabicum hinzugeben (gibt's im Internet), sowie für die Konservierung einen Spritzer Nelkenöl. Das Ganze hält, in ein kleines Tintenfass gefüllt, mehrere Jahre. Schnell noch eine Schreibfeder suchen und schon geht's los – wer freut sich nicht über eine handgeschriebene Karte mit selbstgemachter Schopftintlingstinte?!

Nennt mich aus der Zeit gefallen, einen unverbesserlichen Romantiker – von mir aus auch einen Trickbetrüger –, aber ich habe den Pilz schon häufig „benutzt", um Menschen ins Staunen zu versetzen. Wenn ich die Zeit zurückdrehen könnte, wäre ich gerne Magier geworden – Dinge, die man nicht sofort greifen und verstehen kann, haben mich schon immer fasziniert. Noch heute habe ich nichts als Respekt

Erst blütenweiß wie ein Hochzeitskleid, dann eine schwarze Suppe – der Pilz als Memento Mori!

DER SCHEIN TRÜGT: Das flauschig anmutende Gewand lenkt gekonnt davon ab, dass der Pilz in Wahrheit ein gemeiner Serienkiller ist..

DAS CORPUS DELICTI begeht Autolyse und verdaut sich nach begangener Tat einfach selbst. So hinterlässt man eben keine stichfesten Beweise. Der Schopftintling ist genau so schnell wieder weg, wie er gekommen ist und löst sich einfach zu schwarzer Tinte auf.

für das Handwerk von Hütchenspielern – es ist doch wunderbar, wenn man Menschen verzaubern kann. Es ist halt die Frage, was man damit macht – man muss sie ja nicht gleich abzocken.

MIT DEM PILZ DEN HOF MACHEN

Jedenfalls habe ich mit der Hilfe dieses Pilzes sogar schon mal ein Herz gestohlen. Heutzutage schreibt niemand mehr handgeschriebene Briefe, es sei denn, man will jemanden so richtig beeindrucken – und das wollte ich. Durch meine Vergangenheit als Graffiti-Artist glücklicherweise mit einer recht passablen Schreibschrift ausgestattet, hatte ich einen Plan: Ich schrieb meiner Angebeteten einen Brief und lud sie zum Essen ein. Ich schrieb ihr aber nicht irgendeinen Brief mit irgendeinem Stift. Ich wollte es richtig krachen lassen. Und so ging ich in die Vollen. Mit Schreibfeder (!!!) schrieb ich aus Tintlingstinte auf handgeschöpftes Papier eine Einladung zum Dinner für Zwei bei mir zuhause. Es gab natürlich: Pilze – selbst gesammelt und zubereitet. Vielleicht hielt mich meine Frau für komplett irre, vielleicht aber auch für einen guten Versorger – Fakt ist, dass dieser Move den gewünschten Effekt hatte und ich ihr Herz erobern konnte.

Ob der Pilz dafür maßgeblich verantwortlich war? Who knows. Seitdem hat er jedenfalls einen Ehrenplatz in meinem Herzen.

STECKBRIEF

AUSSEHEN:

- Hut: 5 – 12 cm hoch, walzenförmig, weiß, geschuppt. Im Alter schwärzend und zu Tinte zerfliessend.
- Stiel: dünn, fest, längsfaserig, fragil, hohl, jung dünn beringt.
- Lamellen: weiß, dann rosarötlich, später schwarz.

SPORENPULVER:

- Schwarz (Dunkelsporer).

VERBREITUNG UND VORKOMMEN:

- Saprobiont, nährstoffreicher Boden, Laubstreu, Wegränder, Parks und Gärten.
- Sommer bis Herbst.

WISSENSWERTES:

- Gilt als Vitalpilz in der Asiatischen Medizin. Kann nur frisch gegessen werden, zerfliesst innerhalb von wenigen Stunden und kann nicht haltbar gemacht werden.

SPEISEWERT:

- Sehr guter Speisepilz, feiner Geschmack, der an Spargel erinnert.

VERWECHSLUNGSGEFAHR:

- Spechttintling (*Coprinopsis picacea*), nicht giftig, aber ungenießbar.

Der Edelreizker – der saftige Prachtkerl

LACTARIUS DELICIOSUS

Meine erste persönliche Begegnung mit dem Edelreizker beginnt mit einem anderen Pilz – dem Trüffel. Und sie beginnt in Italien, genauer gesagt im malerischen Piemont, wohin mich meine Freundin zum Geburtstag entführt hatte. Geplant war eine ausgiebige Trüffelsuche. Aber schlussendlich gab es bei der Reise eine ganz andere Pilz-Begegnung, die für mich ziemlich eindrücklich war.

in den wilden norditalienischen Wäldern zu sammeln, gingen wir mit einem Führer und seinem Hund auf eine eingezäunte Plantage. Dort erschnüffelte der Hund für uns die edlen Knollen, woraufhin das Herrchen oder wir ihm die Trüffeln abnahmen. Man musste schnell sein, um dem Hund die begehrten Köstlichkeiten zu entreißen, bevor er sie verspeisen konnte. Mit einer gemütlichen Pilzsuche hatte das Ganze nichts zu tun, es war sogar ganz schön stressig. Ich fragte mich, wie ich so naiv hatte sein können, das nicht vorher zu erahnen. Schließlich weiß ich selber, wie schwer es ist, Leuten, die man mit in den Wald nimmt, Pilzfunde zu versprechen. Auf einer Plantage sieht das natürlich anders aus. Das Erlebnis war also weniger romantisch und abenteuerlich als erhofft, und so empfand ich trotz toller Funde, Urlaubsstimmung und einem köstlichen Abendessen eine gewisse Enttäuschung. Ich hatte mir das anders vorgestellt.

UND NOCH EIN ANLAUF

Am nächsten Tag nahmen wir „la dolce Vita“ dann selbst in die Hand und erkundeten den Wochenmarkt – entschlossen, uns kulinarisch weiterhin verwöhnen zu lassen. Die Trüffeln waren lecker gewesen, aber wir wollten mehr über die lokalen Küchengeheimnisse erfahren und dann versuchen, diese in unserem Apartment nachzukochen. Neben allerlei Marktständen mit Köstlichkeiten wie Artischocken und buntem Gemüse stachen uns direkt mehrere Pilzstände ins Auge. Unter den verschiedenen Arten in den Auslagen faszinierten mich besonders die orange und grün leuchtenden Fruchtkörper, die an einem Stand auf der anderen Seite des Marktes feilgeboten wurden – nie zuvor hatte ich diese Pilze bewusst wahrgenommen. Meine Neugier war durch die eigenartige Erscheinung geweckt. Die grünen Verfärbungen der Fruchtkörper irritierten mich zunächst. War das Schimmel? Waren die Pilze noch frisch? Wir erwarben einige Exemplare und nahmen sie mit nach Hause. Beim Schneiden fiel mir dann ein weiteres, nie gesehenes Merkmal auf: Die Pilze fingen an zu bluten! Wurde das Fruchtfleisch angeschnitten, trat sofort eine leuchtend orangene, milchige Flüssigkeit aus. Das sah nicht besonders appetitlich, sondern gefährlich aus. Todesmutig – aber immerhin mit der Gewissheit, die Pilze auf dem Markt gekauft zu haben und somit auf der (relativ) sicheren Seite zu sein – probierten wir sie schließlich trotzdem. Wir brieten sie einfach nur scharf in Butter an, mit etwas Salz und Pfeffer.

FÜRCHTET NICHT DAS ORANGENE BLUT

Was dann geschah, weiß ich noch, als sei es gestern gewesen: Es war um mich geschehen. Die Pilze hauten mich um. Die Konsistenz in der Pfanne erinnerte mich an Esskastanien – die Pilze hatten einen phantastischen Biss, den ich vorher noch nie bei Pilzen erfahren hatte. Keine Spur von Matschigkeit, kein Schleim, keine unangenehmen Eigenschaften – einfach nur purer „Knack und Schmack“. Wie konnte mir solch eine Delikatesse bisher entgangen sein? Ich war hin und weg und der Reizker machte einen Sprung in meine persönliche Top Ten der Speisepilze. Dort hält er sich seither stabil. Fortan war ich ein begeisterter Reizker-Fan.

Ein paar Monate nach unserem Italien-Trip stand auch in Deutschland die Saison der wichtigsten essbaren Arten vor der Tür und ich war fest entschlossen herauszufinden, ob der Pilz nicht auch bei uns vorkommt. Und siehe da: Es gab ein Happy End.

Viele Wälder im Berliner Umland sind Monokulturlandschaften. Wo man hinschaut, sieht man in Reihe gepflanzte Kiefernplantagen – ein Eldorado für Edelreizker-Fans. Denn der Pilz lebt in Symbiose mit Kiefern!

Reizker werden von manchen Sammlern stehen gelassen, weil sie nicht wissen, was ihnen da eigentlich entgeht. Solltest du also einen Kiefernwald in der Nähe haben, schau doch mal, ob du nicht auch welche finden kannst. Und sollte das nicht der Fall sein, so habe ich gute Nachrichten: Es gibt neben dem Kiefern- oder Edelreizker noch ein paar Verwandte, die genauso schmackhaft sind, darunter den Lachs- und den Fichtenreizker (*Lactarius salmonicolor* und *Lacta-*

Die Optik des Reizkers schreit jetzt nicht unbedingt: „Ich bin essbar!“.

DIE GRÜBCHEN am Stiel und die orangene Milch sind wichtige Bestimmungsmerkmale des Edelreizkers – einer meiner Lieblingspilze.

LACTARIUS DELICIOSUS – im wissenschaftlichen Namen steckt bereits drin, dass dieser Pilz eine wahre Delikatesse ist. Er bleibt in der Pfanne übrigens stabil wie kein Zweiter.

rius deterrimus), die in Symbiose mit Weißtannen und Fichten wachsen. Theoretisch kannst du also überall in Mitteleuropa, wo es Nadelhölzer gibt, fündig werden. Die anderen Reizkerarten stehen dem Edelreizker in nichts nach.

EIN FREUND DER EINSTEIGER

Reizker sind relativ einfach zu bestimmen und somit eine perfekte Gattung für Einsteiger, die sich an Lamellenpilze heranwagen möchten. Man muss wirklich keine Angst davor haben. Die rote Milch ist neben einigen anderen Eigenarten das deutlichste Erkennungsmerkmal. Optisch relativ ähnlich wäre eigentlich nur der Birkenmilchling – dieser ist aber sehr viel flauschiger, eher rosa als orange und hat weiße Milch. Wenn du also einen Fund gemacht hast, versuche als erstes einen Anschnitt mit deinem Pilzmesser zu machen und das zu überprüfen. Sollte die Milch nicht weiß sein hast du den Jackpot geknackt! Alle rot milchenden Arten (mit Ausnahme von kleinen Helmlingen) sind übrigens essbar.

Fun fact: Nach übermäßigem Konsum kann sich – ähnlich wie bei Roter Bete – am nächsten Tag der Urin rötlich verfärben. Bitte keine Panik schieben, das ist völlig normal und ungefährlich.

STECKBRIEF

AUSSEHEN:
> Gegliedert in Hut und Stiel.
> Hut: 4–12 cm Durchmesser, orange, weißlich bereift mit getropft-geflecktem Muster und konzentrischen Ringen, im Alter tendenziell trichterförmig, gerne mit grünen Flecken an Verletzungen.
> Stiel: 3–7 cm lang, 1–2 (3) cm Durchmesser dick, orange bis weißlich bereift, mit dunkleren Grübchen, innen wattig, später hohl, ohne Ring, karottenfarben, bei Verletzung später grün verfärbend.
> Lamellen: Orangeocker, blassocker, mit fleischrosa Schimmer. An verletzten Stellen färben sie weinrot.
> Geruch: süßlich, obstartig

SPORENPULVER:
> Hell ockergelb (Hellsporer).

VERBREITUNG UND VORKOMMEN:
> Symbioseparter der Kiefer, kann auch bei Pinien vorkommen.

WISSENSWERTES:
> Verfärbt den Urin nach dem Konsum orange.

SPEISEWERT:
> Sehr guter Speisepilz, bleibt auch beim Braten bissfest und knackig, tolle Konsistenz.

VERWECHSLUNGSGEFAHR:
> Andere Reizkerarten wie Fichtenreizker (*L. deterrimus*), Lachsreizker (*L. salmonicolor*), beide essbar.
> Birkenmilchling (*Lactarius torminosus*), giftig – dieser hat allerdings weiße Milch.

Der Violette Rötelritterling – Purple Rain

LEPISTA NUDA

Wenn die meisten Pilze schon ihre Sachen gepackt und sich auf den Winterschlaf vorbereitet haben, die Früchte des Waldes weniger werden, wenn sich langsam die graue Decke aus Farb- und Trostlosigkeit über das eben noch so farbenfrohe Spektakel am Waldboden legt, betritt ein Pilz die Bühne, der noch mal Farbe ins Spiel bringt. Er möchte uns aufmuntern und uns noch ein paar Momente der Freude schenken.

Rötelritterling ist ein Reminder, dass es nicht vorbei ist, bevor es wirklich vorbei ist. Wenn sich die Pilzsaison dem Ende zuneigt und es ungemütlich, regnerisch, grau und kalt wird, reicht einem dieser Pilz noch mal die Hand und lädt zum weiteren Verweilen im Wald ein. Als meine er es gut mit uns, nimmt er uns in den Arm und sagt: „Es ist noch nicht vorbei, mein Freund, keine Sorge. Einen hab ich noch!". Mit seinen auffällig lila leuchtenden Fruchtkörpern (die im Laub überraschend schwer zu sehen sind), die zwischen richtig poppig und dann wieder zurückhaltend lavendelfarben changieren, motiviert er uns, die Flinte noch nicht ins Korn zu werfen und uns weiter dem Suchen und Finden hinzugeben.

IT AIN'T OVER TILL IT'S OVER!

Denn jeder Fruchtkörper, den man findet, ist ein wahres Geschenk. Makellos sehen sie aus – wie Modelle, die aus Gips gegossen und im Wald platziert wurden, um uns mit ihrer Schönheit zu ergötzen.

Für mich als jemand, der Pilze nicht nur kulinarisch, sondern vor allem auch optisch genießt, ist dieser Pilz ein wahres Geschenk. Die Flatlays, die ich kreiere, spiegeln immer das wider, was ich zu dem Zeitpunkt gefunden habe. Sie sind Momentaufnahmen. Zum Jahresende wird die Vielfalt naturgemäß kleiner und es gibt weniger kräftige Farbtupfer, die meinen Bildern Leben einhauchen würden. So labe ich mich förmlich an den Violetten Rötelritterlingen (alleine der Name!)!

Ihr sattes Lila hat mir schon hin und wieder ein Bild gerettet und dort Akzente gesetzt, wo es sonst eher monoton zugegangen wäre. Trotz der satten Farbe und der Kraft, die dieses Lila mit sich bringt, trägt der Pilz für mich eine gewissen Melancholie in sich – ein Spiegel dessen, dass die Hauptsaison sich dem Ende zuneigt und der Winter vor der Tür steht. Der Pilz erscheint recht spät im Jahr, wenn die Temperaturen fallen und es nicht mehr lange dauert, bis die ersten Fröste kommen. Auch nach den ersten Minustemperaturen erscheint er meist noch eine Weile unbeirrbar, bevor er dann ebenfalls bis zum nächsten Jahr verschwindet. So liegen Werden und Vergehen, Überfluss und Mangel dicht beieinander, wenn er sich zeigt.

Umso schöner zeigen sich dafür seine Fruchtkörper, als wollte er uns mit ihnen trösten. Von unten strahlt der Pilz so richtig, wenn die strahlenförmigen Lamellen an eine lila Sonne erinnern.

IMMER DER NASE NACH

Aber er kann noch mehr, und seine Superpower sorgt stets für offene Münder und ein anschließendes Schmunzeln: Er riecht nach Multivitaminsaft! Dies ist ein wichtiges Bestimmungsmerkmal, das uns hilft, den Pilz von giftigen Doppelgängern zu unterscheiden. Pilze am Geruch erkennen – wenn das nicht echt „next Level" ist! Zerreibt man einen Fruchtkörper in der Hand, verströmt er sofort den süßlich-fruchtigen Geruch von Multivitaminsaft. Dieser Geruch ist so irre ausgeprägt, dass man gar nicht anders kann als immer und immer wieder ungläubig daran zu riechen! Wer den Pilz einmal gerochen hat, der denkt fortan bei jedem Multivitaminsaft an diesen Pilz – und umgekehrt.

Geschmacklich punktet der Violette Rötelritterling mit einem milden, angenehm pilzigen Aroma. Es ist fast schade, aber der Geruch von Multivitaminsaft verfliegt in der Pfanne. Sein Fleisch ist zart und hat eine feine Textur, was ihn zu einer echten kulinarischen Bereicherung macht. Der Pilz eignet sich hervorragend zum Einmachen und bietet sich an, die Wintervorräte aufzufüllen.

Wer ihn finden will, sollte im Wald Ausschau nach Gartenabfällen oder Laubhaufen halten, hier tritt er gerne seinen Dienst als Folgezersetzer an. Auch findet er sich häufig an Wegesrändern und Parkanlagen – überall, wo es auf dem Boden etwas zu zersetzen gibt, egal ob im Nadel- oder im Laubwald. Wer ein Exemplar gefunden hat, sollte sich genau in der Umgebung umschauen, denn der Pilz kommt selten allein, er ist oft in Gruppen oder Hexenringen anzutreffen. Der Genuss dieses Pilzes ist nicht nur lecker, sondern auch gesund, denn auch er gilt als Vital-

„Übernimm das Tempo der Natur: ihr Geheimnis ist Geduld." – Ralph Waldo Emerson

SOLCHE FARBEN BRINGT nur die Natur hervor. Besonders die Hutunterseite mit ihren ausgebuchtet angewachsenen Lamellen leuchtet in intensivem Lila.

DIESER RÖTELRITTERLING war gerade dabei, Nadel- und Laubstreu zu zersetzen und hatte sich seinen Tag wahrscheinlich auch anders vorgestellt. Sorry, not sorry.

pilz: Er soll blutdrucksenkende oder -stabilisierende Eigenschaften haben.

Wer ihn allerdings roh isst, riskiert ernste Folgen. Unzureichend gegart wirkt er nämlich blutzersetzend, außerdem enthält er in rohem Zustand Blausäure (diese wird durch den Kochvorgang und durch Trocknen neutralisiert). Daher gilt – wie bei den meisten Arten: Mindestens 15 Minuten bei ausreichend heißer Temperatur kochen. Er kommt gerne in der Nähe von Nebelkappen vor, die ebenfalls Hexenringe bilden.

Es gibt fünf verschiedene Arten von Rötelritterlingen, die alle essbar sind. Dazu gehören noch der Lilastiel- (*Lepista personata*) sowie der Lavendelfarbene Rötelritterling (*Lepista glaucocana*). Beide gelten ebenfalls als Delikatesse und haben deutliche lila Anteile. Außerdem der Schmutzige und der Horngraue Rötelritterling (*Lepista sordida* und *Lepista luscina*), die auch essbar sind, aber nicht so fein im Geschmack und ohne Lilatöne. Letztere sind leicht mit Nebelkappen (*Clitocybe nebularis*) zu verwechseln, weswegen ich Neulingen davon abrate, diese Pilze zu sammeln.

Richtig fies wäre eine Verwechselung mit dem Lila Dickfuß (*Cortinarius traganus*) oder dem Bocksdickfuß (*Cortinarius camphoratus*). Beide gehören der Gattung *Cortinarius* an. Diese sehen erst einmal ähnlich aus (sind lila), haben aber an den Lamellen und am Stiel meist orangefarbene Sporenpulverreste. Eine Verwechselung mit Cortinarien wäre fatal, da diese wirklich stark giftig sind. Im Gegensatz zum wohligen Geruch von Multisaft riechen sie aber zum Glück stechend ekelhaft sowie (beim Bocksdickfuß) nach altem Hammel, daher gilt: immer die Geruchsprobe machen!

STECKBRIEF

AUSSEHEN:
> Gegliedert in Hut und Stiel.
> Hut: 3 – 10 cm Durchmesser, lila-violett, blasslila. Hutrand lange eingerollt, Huthaut kahl und glatt.
> Stiel: 4 – 12 cm lang, 1 – 3 (4) cm dick, kahl, blass lila, die Oberfläche ist etwas flockig und weiß bereift, leicht faserig, Basis oft keulig verdickt, ohne Ring.
> Lamellen: lila, ausgebuchtet angewachsen, nie rost- bräunlich.

GERUCH:
> Nach Mulitivitaminsaft.

SPORENPULVER:
> Hellrosa (Hellsporer).

VERBREITUNG UND VORKOMMEN:
> Folgezersetzer (Saprobiont), Wegesränder, Parks, Mischwald.
> Im Spätherbst.

WISSENSWERTES:
> Kann gut zum Einlegen genutzt und für den Winter haltbar gemacht werden.

SPEISEWERT:
> Sehr guter Speisepilz

VERWECHSLUNGSGEFAHR:
> Verschiedene Pilze der Gattung *Cortinarius*: Bocks-Dickfuß (*Cortinarius camphoratus*), riecht nach altem Hammel, giftig.
> Dunkelvioletter Schleierling/Mitternachtspilz (*Cortinarius violaceus*), essbar.

Das Judasohr – dem Rauschen der Wälder lauschen

AURICULARIA AURICULA JUDAE

Das Judasohr ist dieser eine Freund in der Pilz-Clique, der zwar immer dabei ist, sich aber im Hintergrund hält. Der still lächelt, wenn andere ihre Meinung rausbrüllen. Das Judasohr ist kein Alphatier, das im Mittelpunkt stehen muss, entsprechend wird es gerne mal übersehen. Auch sein Äußeres ist eher bescheiden und im Vergleich zur Pracht anderer Pilze sogar gewöhnungsbedürftig. Aber das Ohr hat es faustdick hinter den Ohren!

 seiner Freunde nicht wissen: In Asien ist er ein Star und überhaupt ist er ein Kosmopolit, der mehr gesehen hat als die anderen, die in heimischen Wäldern unter den immer gleichen Bedingungen ihr Dasein fristen und nicht über den Tellerrand blicken. Insgeheim lacht er sich dabei ins Fäustchen. Er spricht neben Chinesisch eigentlich alle Sprachen dieser Welt. In Asien hat er ein Pseudonym: „Mu-Err", auch „Wolkenohrenpilz" genannt; im englischsprachigen Raum läuft er unter „Black Fungus", er scheint also auch überall auf der Welt bekannt zu sein.

EIN WELTENBUMMLER OHNE INSTA-KANAL

Bei uns heißt er einfach nur „Ohrlappenpilz" – oder eben „Judasohr". Was für ein Lappen! Der Name geht angeblich darauf zurück, dass sich Judas, nachdem er Jesus verraten hatte, an einem Holunderstrauch erhängte. Die ohrförmigen Fruchtkörper dieses Pilzes wachsen am liebsten an schwarzem Holunder und sehen wirklich aus wie Ohren, soweit also fair enough. Aber aus seinem Schattendasein herauszukommen, hat er hier immer noch nicht geschafft. Stört ihn aber auch nicht. Lass' die anderen mal machen!

Zugegeben: Die Fruchtkörper sind klein, schmecken nach fast gar nichts und haben eine Konsistenz wie Gummibärchen. Doch die Schönheit liegt im Detail: Bei näherem Hinschauen offenbart sich eine fein-samtige Oberfläche, die mit dicken Adern durchzogen ist und vor Kraft nur zu strotzen scheint. Farblich changieren die kleinen Öhrchen irgendwo zwischen Braun und Lila. Ist das Judasohr so etwas wie der Hidden Champion?

DIE BÄUME HABEN OHREN – BESONDERS DER HOLUNDER

Insgesamt ist der Pilz ein ziemlicher Tiefstapler, der sich gut versteckt und keinen großen Auftritt für sich beansprucht. Er fristet sein Dasein brav in der hinterletzten Ecke und fällt nicht großartig auf. Doch findet man ihn hierzulande häufiger als man denkt. Er wächst an alten Holundersträuchern, die meist noch ein bisschen Leben in sich tragen, aber auch an Totholz. Daher auch sein Name „Holunderschwamm". Er lebt parasitär und folgezersetzend. Man kann ihn außerdem an Buchen, Birken oder manchmal anderem Laub, und sehr selten auch an Nadelholz finden, da ist er recht flexibel. Sein Hauptwirt ist und bleibt der Holunder. Er kommt ganzjährig vor, bildet aber so richtig in den Winter- und Frühlingsmonaten bei feuchten Witterungsbedingungen Fruchtkörper. Und: Er ist ein kleines Wunder, das voller gesunder Vitalstoffe steckt und dazu beitragen kann, den Winter fitter und gesünder durchzustehen. In der Volksheilkunde und der chinesischen sowie japanischen Medizin gilt er als Vitalpilz und wird bei Entzündungen und anderen Problemen eingesetzt. So soll er Wundschmerzen lindern, bei verschiedenen Krankheitsbildern wie Bluthochdruck, Thrombosen oder Gefäßproblemen helfen und sogar präventiv Herzinfarkte verhindern. Grund dafür soll seine blutverdünnende Wirkung sein. Außerdem soll er den Blutzucker und den Cholesterinspiegel senken.

Also, in Asien ein Star, bei uns höchstens aus asiatischen Suppen bekannt und dann noch fälschlicherweise von vielen als „Morchel" betitelt – diese Behandlung wird diesem kleinen Chamäleon nicht gerecht. Durch seinen milden und nur minimal pilzigen Eigengeschmack kann man dem Pilz in der Küche den Anstrich geben, den man möchte. Denn kulinarisch interessiert uns seine Konsistenz, von der schon die Rede war. Manchmal braucht ein Gericht den gewissen Biss. Das Judasohr lässt sich sogar süß zubereiten und schmeckt dann sehr lecker, beispielsweise in Johannisbeersaft rehydriert (also getrocknet und dann darin eingelegt) oder mit Schokolade überzogen. Wer es wilder will: In England soll man Judasohren früher getrocknet und dann in Whiskey eingelegt haben. Klingt komisch, ist aber so. Judasohren eignen sich natürlich ebenso hervorragend als Suppenpilz (Süß-sauer-scharf-Suppe, allgemein bekannt) oder sogar zum Fermentieren. Du kannst Judasohren auch roh probieren, sie gehören zu den wenigen Pilzen, die roh kom-

„Es gibt in der Natur nichts Hässliches; das Hässliche gehört immer zu einem unvollständigen Blick auf die Schönheit.“ – John Ruskin

OB MAN DURCH DEN VERZEHR von Judasohren besser hören kann, ist leider nirgendwo überliefert. Dennoch gilt es als Vitalpilz und steckt voller gesunder Stoffe.

DIE SCHÖNHEIT LIEGT IM DETAIL: kleine Ohren am Holunder. Die Fruchtkörper sind mit Adern durchzogen und haben eine feinfilzige Oberfläche.

plett unbedenklich sind. Wer einmal Spaß in der Küche haben will, der sollte sie in die Pfanne legen und schauen, was passiert – ich sage nur Popcorn-Effekt. Die Fruchtkörper explodieren förmlich, knallen, ploppen und fliegen wie wild durch die Küche. Zum Anbraten ist der Pilz also nur bedingt oder mit den richtigen Sicherheitsvorkehrungen geeignet.

Judasohren wachsen ganzjährig und haben die Fähigkeit, austrocknen zu können, ohne Schaden davonzutragen. Die Fruchtkörper verbleiben dann in getrocknetem Zustand am Baum und wachsen einfach weiter, wenn es wieder feucht genug ist. Man kann sie also auch schon gedörrt sammeln und spart sich so das Trocknen zuhause. Getrocknet und richtig gelagert halten sie ewig, beim Rehydrieren verwandeln sie sich dann wieder in saftige Ohrlappen und werden um ein Vielfaches größer.

Ich mag diesen Pilz, weil er uns lehrt, hinter die Fassade zu schauen, achtsamer durch unsere Welt zu gehen und vermeintlich unbedeutenden Dingen mehr Aufmerksamkeit zu schenken. Don't ever judge a book by ist Cover!

STECKBRIEF

AUSSEHEN:
> Fruchtkörper: 1–10 cm, rotbraun, lilabraun, braun, ohrförmig, mit Adern durchzogen, meist etwas feinfilzige Oberfläche. Unterseite meist glatter und heller. Gallertartige Konsistenz, knorpelig-lappig, wie Gummibärchen.

GERUCH:
> Neutral.

SPORENPULVER:
> Weiß (Hellsporer).

VERBREITUNG UND VORKOMMEN:
> Ganzjährig.
> Saprobiont, befällt bevorzugt Holunder, auch Esche oder Buche. Ich habe ihn sogar schon an Robinie gefunden (dann ungenießbar, weil bitter).

WISSENSWERTES:
> Hält Frost unbeschadet aus, kann auch getrocknet gefunden und gesammelt werden, Vitalpilz.

VERWECHSLUNGSGEFAHR:
> Gezonter Ohrlappenpilz (*Auricularia mesenterica*), ungenießbar.
> Kreisel-Drüsling (*Exidia recisa*), an Weide, essbar.
> Warziger Drüsling (*Exidia nigricans*), ungeniessbar.

Austernseitling – das Antidepressivum

PLEUROTUS OSTREATUS

Der Austernseitling bringt uns durch den Winter. Nicht nur kulinarisch, auch emotional. Wenn im Wald der Winter eingezogen ist, tote Hose herrscht und es bis zum Frühling noch viel zu lange hin ist, schenkt uns dieser Pilz Hoffnung, Zuversicht und etwas Leckeres zu essen. Wer einmal frische Austernseitlinge aus dem Wald probiert hat, will nie wieder welche aus dem Supermarkt. Der Fund einer frischen „Austernbank" hängt die Latte hoch und setzt Standards.

FÜR MICH IST der Austernseitling ein natürliches Antidepressivum. Ich habe so meine Probleme mit der kalten Jahreszeit – es ist mir zu dunkel, zu grau und zu kalt, und es dauert mir immer viel zu lange, bis der Frühling endlich erwacht und der Welt wieder Leben einhaucht. Und so schleppe ich mich meist mit wenig Energie und einem emotionalen Low durch die dunklen Monate. Doch es gibt einen Strohhalm, an den man sich klammern kann und der Linderung verspricht. Dieser Strohhalm sind für mich die Austernseitlinge. Sie wachsen genau dann, wenn ich sie brauche, und sind eine tolle Motivation, um rauszugehen und sich selber aus der Winterdepression zu katapultieren.

Wenn man fündig wird und auf eine sogenannte „Austernbank“ stößt, dann ist das nämlich wie ein Lottogewinn, es setzt eine explosionsartige Ausschüttung von Glückshormonen ein, man verspürt sofort unbändige Freude und fragt sich, warum man sich nicht viel früher auf die Suche gemacht hat. Eine Austernbank kann schon mal einige Hundert Fruchtkörper hervorbringen und im Nu die Speicher füllen – die der Vorratskammer sowie die Serotoninspeicher.

SCHNELLWACHSENDE FLEISCHALTERNATIVE

Austern kann man förmlich beim Wachsen zusehen, und an einem Stamm, an dem eine ganze Bank wächst, kommen sie meist in allen Altersstufen vor, wenn die Bedingungen stimmen. So kann man täglich seinen Spot checken und immer die Fruchtkörper in der perfekten Größe mitnehmen. Solltest du schon zu spät sein, ist nicht alles verloren, denn Austernseitlinge haben meist mehrere Wachstumsschübe über die Wintermonate hinweg. Sie lassen sich auch hervorragend dörren oder anderweitig konservieren, ein Fund bedeutet daher: Masse abgreifen, Vorräte auffüllen. Geschmacklich erinnert der Austernseitling an Fleisch – deswegen ist er in manchen Regionen auch als „Kalbsfleischpilz“ bekannt. Er bringt eine geschmackliche Tiefe mit sich, die ich von kaum einem anderen Pilz kenne. Am besten entfaltet sich sein fleischiges Aroma, wenn man ihn mit Feuer in Kontakt bringt. Gegrillte Austernseitlinge oder mit Hochprozentigem in der Pfanne flambiert, das ist das „Flavor-Pairing“, auf das du schon lange gewartet hast, ohne es zu wissen. Austern sind angenehm bissfest und matschen nicht. Sie haben ein eingebautes natürliches Frostschutzmittel, welches sie vor Minustemperaturen und dadurch ausgelösten Schäden schützt, und auch wenn sie einmal gefroren waren, kann man sie ganz in Ruhe auftauen lassen und weiterverarbeiten.

DIE WONNEN DES WINTERS

Das ist wirklich toll, denn es erweitert das Spiel einfach um ein Winterlevel. Für fast alle Pilze ist die Saison ja mit den ersten Bodenfrösten vorbei – hier geht sie dann erst los.

Wenn dir also im Winter mal die Decke auf den Kopf fallen sollte: Tu dir selber den Gefallen und geh' raus, Austern suchen. Du wirst es nicht bereuen. Austernseitlinge gelten in der Naturheilkunde und der chinesischen Medizin als Vitalpilze. Die enthaltenen Stoffe und Vitamine (vor allem B und D), sollen das Immunsystem allgemein stärken und antioxidativ und entzündungshemmend wirken. Genau das, was man in dieser kalten Jahreszeit braucht. Außerdem steht der Pilz im Verdacht, krebshemmend, blutdruck-, blutzucker- und cholesterinsenkend zu sein, die zelluläre Abwehr zu stärken und die Darmflora zu unterstützen.

Als hätte die Natur sich dabei etwas gedacht, versorgt sie uns in der kältesten und dunkelsten Jahreszeit mit so einer Allzweckwaffe. Trotzdem ist es bei diesem Pilz ebenfalls wichtig, ihn gut durchzugaren, denn auch er enthält wie zum Beispiel der Rötelritterling in rohem Zustand blutzersetzende Hämolysine. Verwechseln kannst du „die Auster“ übrigens im Winter nur mit dem Muschelseitling, bei dem nach wie vor nicht ganz geklärt ist, ob er essbar ist oder nicht. Solltest du im Sommer oder im Herbst an Nadelbäumen vermeintliche Austern finden hast du es höchstwahrscheinlich mit dem fieseren Verwechslungspartner, dem Ohrförmigen Seitling zu tun. Dieser ist tödlich giftig. Daher immer aufs Substrat und die Jahreszeit achten.

Die Natur gibt uns immer das, was wir im Augenblick brauchen, wenn wir nur achtsam genug sind, es zu erkennen.

NICHT NUR DER Anblick schützt vor Winterdepressionen, auch die Inhaltsstoffe des Austernseitlings helfen uns durch die dunkle Jahreszeit – er enthält Vitamin B und D.

WER KANN SO EINEM Anblick bitte widerstehen? Silbrig im Morgenlicht schimmernd warten die Fruchtkörper förmlich nur darauf, geerntet zu werden. Wer eine Austernbank entdeckt, kann ihr beim Wachsen zuschauen und täglich seinen Bedarf an Vitalpilzen ernten gehen.

OYSTER CULT

Austern zu finden ist relativ einfach. Sie erscheinen nach den ersten Nachtfrösten vor allem auf Laubholz. Für mich waren Buchen der Schlüssel zum Erfolg. Sie sind das bevorzugte Substrat für diesen Pilz und, wie ich finde, auch das leckerste. Austern, die an alten Buchenstämmen wachsen, haben meiner Meinung nach einfach den tiefsten und komplexesten Geschmack. Natürlich findet man Austernseitlinge auch an Birken, Pappeln oder anderen Laubhölzern, ganz selten auch mal an Nadelholz. Alle aus der Natur gesammelten Exemplare schmecken toll und viel besser als die Zuchtform aus dem Supermarkt. Wer schnell fündig werden will, der sollte gezielt nach Buchenbeständen Ausschau halten und diese dann systematisch ablaufen. Austern befallen geschwächte und tote Bäume und von denen gibt es mittlerweile leider genug. Wenn man also im Wald gezielt nach ihnen sucht, sind die Austern meist nicht weit. Dabei gilt es, nicht auf den Boden zu schauen, wie sonst bei der Pilzsuche, sondern zur Abwechslung mal Baumstämme abzuscannen. Die Pilze wachsen seitlich (daher auch der Name „Seitling") an den Stämmen empor.

Der Austernseitling ist somit auch ein Indikator für die Baumgesundheit unserer Wälder. Wo viele Austern wachsen, geht es dem Wald leider nicht gut. So schwingt dann doch immer eine gewisse Melancholie mit, wenn man sich die Vorratskammer mit diesem Pilz füllt.

STECKBRIEF

AUSSEHEN:

- Hut: muschelförmig, 5–20 cm, grau bis graubraun, taubenblau, nach Frostbefall beigebraun, Hutrand eingerollt.
- Stiel: kurz und kompakt, meist seitlich wachsend, Stielbasis filzig, zäh.
- Lamellen: Am Stiel herablaufend, nicht abrupt endend, engstehend, weiß-beige, im Alter zunehmend gelblich.

GERUCH:

- Pilzig, würzig.

SPORENPULVER:

- Weiß (Hellsporer).

VERBREITUNG UND VORKOMMEN:

- Winterpilz, nach den ersten Frösten erscheindend.
- Oktober bis April.

WISSENSWERTES:

- Roh giftig, enthält Hämolysin (blutzersetzend) – immer gut durchgaren. Der Pilz ist omnivor und kann neben Holz auch Bakterien und Fadenwürmer verwerten, in der Regel wächst er aber an Laubbäumen wie Buche, Birke, Pappel oder Eiche. Seltener auch an Nadelholz.

VERWECHSLUNGSGEFAHR:

- Gelbstieliger Muschelseitling (*Panellus serotinus*), ungenießbar.
- Ohrförmiger Seitling (*Pleurocybella porrigens*), potenziell tödlich giftig.

Der Samtfußrübling – der Winterkönig

FLAMMULINA VELUTIPES

Im winterlichen Wald verbirgt sich ein wohlgehütetes Geheimnis: Ein schier unermessliches Goldvorkommen, das nur darauf wartet, von uns gefunden zu werden. Wer sich gerne auf Schatzsuche begibt, der ist hier genau richtig. Es ist aber keine gewöhnliche Schatzsuche. Statt den Boden zu durchkämmen, richten wir die Augen auf die Stämme der Bäume und scannen sie ab. Das Gold wächst nämlich an den Bäumen!

IN DEN FROSTIGEN Tagen des Winters, wenn der Wald schneebedeckt ist und sich die meisten Pilze längst in den Winterschlaf zurückgezogen haben, tritt der Samtfußrübling auf den Plan – ein vorzüglicher Speisepilz, der in der chinesischen Medizin und in Japan als Vitalpilz gilt und als eine Quelle der Stärkung und des Wohlbefindens verehrt wird. Er zeigt sich frühestens Ende September, meistens erst im Oktober, wenn die ersten Nachtfröste kommen. Ab dann ist dieser Winterpilz bis in den März hinein ein treuer Begleiter auf dem Weg durch die dunkle Jahreszeit. Er kann uns in diesen Monaten mit Mineralstoffen und Vitaminen versorgen und unser Immunsystem stärken.

DR. SAMTFUSS – DER ARZT, DEM WIR VERTRAUEN

Ein wahrer Schatz also, den wir uns zu nutze machen können. Er enthält neben B-Vitaminen viel hochwertiges Protein mit essenziellen Aminosäuren, außerdem Polysaccharide, Antioxidantien und Eisen. In Studien, die in Japan durchgeführt wurden, wo der Pilz seit langer Zeit auch angebaut wird, hat sich gezeigt, dass er ein Hoffnungsträger im Kampf gegen Krebs ist. Menschen, die ihn regelmäßig konsumierten, wiesen eine deutlich geringere Mortalitätsrate auf als die Testgruppe, die ihn nicht nutzte. Außerdem soll er gegen Arthrose, HPV und HIV helfen, was in-vitro-Studien an Tieren belegten. Er soll immunmodulierend und antioxidativ wirken, die Darmgesundheit verbessern, cholesterinsenkend wirken und sogar gegen Alzheimer helfen. Ein wahres medizinisches Wunder also.

HIER IST ALLES GOLD, WAS GLÄNZT

Sein Aussehen unterstreicht seine Kostbarkeit noch einmal: Wie kleine goldene Nuggets hängen die büschelig wachsenden Fruchtkörper an den Baumstämmen und strahlen uns schon von weitem in sattem Gelb, Orange- und Ockertönen an.

Bei näherer Betrachtung offenbart sich die Komplexität ihrer Schönheit: Die feinen, braunen Stiele haben einen samtigen Überzug und bieten eine elegante Basis für die eigentlichen Objekte der Begierde: die goldenen Kappen. Diese beleuchten den kargen winterlichen Wald wie tausende kleine Sonnen und lassen mein Herz regelmäßig höher schlagen. Sie sind es auch, auf die es der kulinarisch motivierte Sammler abgesehen hat, denn die samtigen Stiele sind leider meist zu holzig, um sie zu essen. Die Kappen aber haben es in sich – der Samtfußrübling ist wegen seines fein-nussigen Geschmacks eine begehrte Delikatesse. Unterstrichen wird die Besonderheit dieses Pilzes natürlich noch durch die Saisonalität – was nicht immer zu haben ist, hat einen entsprechenden Wert.

Samtfußrüblinge wachsen oft so hoch am Baumstamm, dass sie uns vor einige Herausforderungen stellen, um sie zu ernten. Mit einem langen Stock lassen sich die Büschel aber wunderbar vom Stamm stoßen, am besten geht das tatsächlich, wenn die Pilze gefroren sind und einfach abbrechen.

SPACE IS THE LIMIT

Sie können aber noch höher und weiter – zumindest waren sie es schon mal. Samtfußrüblinge begleiteten eine Raumsonde ins All, um zu untersuchen, wie sich die Schwerkraft – oder der Mangel an Schwerkraft – auf die Wuchsrichtung von Pilzen auswirkt. Und siehe da: Fehlt die Schwerkraft, wachsen sie kreuz und quer in alle erdenklichen Richtungen. Auf der Erde wachsen sie stets so, dass die Lamellen Richtung Boden weisen, um die Sporen entsprechend nach unten zu verbreiten, macht ja auch Sinn. Ansonsten konnte ihnen der Mangel an Gravitation aber nichts anhaben. Echte Myconauten also.

Frost kann ihnen übrigens auch nichts antun, ähnlich dem Austernpilz hat der Samtfußrübling ein eingebautes „Frostschutzmittel", das seine Zellen in extremen Bedingungen schützt. Man kann ihn also frisch oder als Tiefkühlware sammeln. Ich bevorzuge es sogar, wenn er gefroren ist, da die Hutoberfläche sehr klebrig ist und

Die Natur kennt keine Abfälle, sondern verwandelt alles, selbst den Zerfall, in eine neue Form von Schönheit.

BESONDERS VON UNTEN sind die Samtfußrüblinge eine wahre Augenweide. Ihre samtigen Stiele unterstreichen ihre Eleganz, auch wenn diese sehr zäh sind.

WIE KLEINE NUGGETS, die am Baum wachsen. Samtfußrüblinge wachsen in kleinen Büscheln und bringen meist recht viele Fruchtkörper hervor. Das entschädigt dafür, dass man nur die Hüte verwertet. Diese schmecken zart nussig – supergut!

sich dementsprechend viel Dreck aus dem Korb an ihm anhäuft. Gefrorene Exemplare sind nicht ganz so große Schmutzfinken.

Ich nehme daher bei der gezielten Suche nach dieser Art immer ein Stofftuch mit, in das ich die güldenen Pilze bette, außerdem lasse ich die Stiele wegen ihrer Holzigkeit meist im Wald, auch wenn man die noch zu Würzpulver verarbeiten könnte. Ich habe mittlerweile meine Spots, an denen ich jeden Winter, zwischen Weihnachten und Silvester, aufs Neue Samtfussrüblinge ernte. Und jedes Jahr freuen sich Familie und Freunde, wenn es plötzlich und unerwartet eine stärkende Pilzsuppe zwischen den Jahren gibt.

In der Welt der Winterpilze ist der Samtfußrüblinge ein absoluter Hauptdarsteller. Neben dem Austernseitling und den Judasohren bildet er die „Dreifaltigkeit der Köstlichkeit", die dem kalten Winter trotzt und uns durch die karge Jahreszeit bringt. Man findet ihn auf Laubhölzern aller Couleur: Er kommt gerne auf weicheren Hölzern wie Weiden, Pappeln, Eschen oder Ulmen vor, weswegen es sich lohnt, mal in Auwäldern nachzusehen. Ich finde ihn aber auch sehr häufig an Buchen. Er ist also recht flexibel in seiner Partnerwahl, ein echter Pappelheimer ...

Man kann den Samtfußrübling übrigens sehr gut kultivieren. Mancher kennt ihn vielleicht als kleine, eckige weiße Büschel, die in Plastik eingepackt im Regal des Asiamarktes stehen und darauf warten, gekauft zu werden. Die Zuchtform – als „Enoki" bekannt – ist im asiatischen Raum seit Jahrhunderten zu haben. Er ist einer der ersten Pilze, die überhaupt gezüchtet wurden – angeblich rieben die Menschen die Hüte früher an Baumstämmen, um diese mit Sporen zu „infizieren", anscheinend mit Erfolg. Die Zuchtform hat optisch mit den in der Natur vorkommenden Schätzen wenig gemein: Leider bilden sie keine samtigen Stiele aus und bleiben auch insgesamt recht farblos. Sie sind dann weiß statt golden. So ähnlich verhält es sich auch mit dem Geschmack: Er ist allright, aber lange nicht so intensiv wie das Original. Was aus der Natur kommt, schmeckt eben auch nach Natur.

STECKBRIEF

AUSSEHEN:

- Hut: 2–7 cm, gelb bis orangebraun, honigfarben, schmierig-klebrig.
- Stiel: Stielbasis schwarz bis dunkelbraun, Richtung Hut Farbverlauf über braun nach orange. Samtig, filzig überzogen.
- Lamellen: weiß bis cremefarben, ausgebuchtet am Stiel angewachsen (mit „Burggraben"), Lamellen entfernt stehend mit Zwischenlamellen.

GERUCH:

- Pilzig, würzig.

SPORENPULVER:

- Weiß (Hellsporer).

VERBREITUNG UND VORKOMMEN:

- Saprobiont, meist an totem Laubholz, gerne Buche.
- Erscheint nach den ersten Frösten, in den Wintermonaten.

WISSENSWERTES:

- Gilt als Vitalpilz in der Asiatischen Medizin.

SPEISEWERT:

- Sehr guter Speisepilz, feiner Geschmack.

VERWECHSLUNGSGEFAHR:

- Andere Samtfußrüblingsarten, essbar.
- Grünblättriger Schwefelkopf (*Hypholoma fasciculare*), giftig.
- Gifthäubling (*Galerina marginata*), tödlich giftig.

GIFTNOTRUF-ZENRALEN

Berlin: Giftnotruf der Charité
Tel.: 030 1 92 40

Bonn: Informationszentrale gegen Vergiftungen, Zentrum für Kinderheilkunde, Universitätsklinikum Bonn
Tel.: 0228 1 92 40

Erfurt: Gemeinsames Giftinformationszentrum der Länder Mecklenburg-Vorpommern, Sachsen, Sachsen-Anhalt und Thüringen
Tel.: 0361 73 07 30

Freiburg: Vergiftungs-Informations-Zentrale Freiburg
Tel.: 0761 1 92 40

Göttingen: Giftinformationszentrum-Nord der Länder Bremen, Hamburg, Niedersachsen und Schleswig-Holstein (GIZ-Nord)
Tel.: 0551 1 92 40

Mainz: Giftinformationszentrum (GIZ) der Länder Rheinland-Pfalz und Hessen
Tel.: 06131 1 92 40

München: Abteilung für Klinische Toxikologie und Giftnotruf München
Tel.: 089 1 92 40

Österreich, Wien: Vergiftungsinformationszentrale Wien
Tel.: +431 4 06 43 43

Schweiz, Zürich: Tox Info Suisse
Tel.: +41 4 42 51 51 51 (Notfall),
+41 4 42 51 66 66 (Auskunft),
145 (landesintern, Notfall)

ZUM WEITERLESEN UND ONLINE NACHSEHEN

Anna Lowenhaupt Tsing
Der Pilz am Ende der Welt – Über das Leben in den Ruinen des Kapitalismus
Matthes & Seitz Berlin Verlag, 2018

Heinz Gerber
Morcheln - Ökologie und Lebensräume
KOSMOS, 2018

Rudi Beiser
Unsere Essbaren Wildpflanzen
KOSMOS, 2022

Otmar Diez
Unsere essbare Natur
KOSMOS, 2023

Folko Kullmann
Pilze anbauen: Kulturverfahren, Arten & Substrate
KOSMOS, 2018

Paul Stamets
Fantastische Pilze
AT Verlag, 2023

Tero Isokauppila
Healing Mushrooms
Avery/ Penguin Randomhouse, 2017

Yoshifumi Miyakazi
Shinrin Yoku- Heilsames Waldbaden
Irisiana Verlag, 2018

Merlin Sheldrake
Verwobenes Leben
Ullstein Verlag, 2020

Dominik Eulberg
Mikroorgasmen überall
Eichborn, 2021

Klaus Glebe
Der geheimnisvolle Chaga Pilz
(self published/ Selbstverlag)

Jürgen Guthmann
Heilende Pilze weltweit
Quelle& Meyer, 2020

Henry David Thoreau
Walden: oder Vom Leben im Wald
Übersetzt von Fritz Güttinger, mit einem Nachwort von Susanne Ostwald
Manesse Verlag, 2020

Antonio Carluccio
Pilze
Collection Rolf Heyne, 2004

Marcel Bon
Pareys Buch der Pilze
Übersetzt und bearbeitet von Till R. Lohmeyer
KOSMOS, 2016 – jetzt antiquarisch

Ewald Gerhardt
Der große BLV Pilzführer
BLV, 2020

Rita Lüder
Grundkurs Pilzbestimmung
Quelle& Meyer, 2022

Andreas Gminder, Peter Karasch, Erhard Ludwig
Das Kosmos-Handbuch Pilze
KOSMOS, 2023

Flora Incognita: Pflanzenbestimmungs-App mit Bilderkennung, Texten und Verbreitungskarten zu Pflanzen in Deutschland und Europa.

Mycopedia: Mykologisches Pilzlexikon mit Begriffserklärungen, Fotos, Zeichnungen.
www.mycopedia.ch

Pilze-Deutschland: Verbreitungskarten zu mehr als 13.000 Pilzarten und Bilder von Pilzen in Deutschland.
www.pilze-deutschland.de

Rote-Liste-Zentrum: Informationen zum Naturschutz und Rote-Liste-Status aller Organismen in Deutschland.
www.rote-liste-zentrum.de

BILDNACHWEIS

Alle Fotos von Moritz Schmid, außer:
Seiten 24, 30 , Klappen, Umschlaginnenseite: Maria Sturm; Seiten 27, 49, 51 unten: Jim Gramming; Seite 192 unten: Chí Thiện Nikin Poh Nguyễn

Die auf dem Umschlag abgebildete Art ist ein Austernpilz (*Pleurotus ostreatus*), die Zeichnung zeigte eine stilisierte Morchel. Die Illustration ist von Kate Romenskaya, shutterstock.

Die Doppelseite 24/25 zeigt Frostschnecklinge (*Hygrophorus hypothejus*).

Wichtige Hinweise für den Benutzer
Auch die ausführlichste Diagnose in einem Pilzbestimmungsbuch kann die umfassende Erfahrung nicht ersetzen, die ein Pilzsammler erst im Laufe der Zeit erwirbt. Lass deshalb selbst bestimmte Pilze beim geringsten Zweifel vorsichtshalber von einem Fachmann nachbestimmen (Pilzberatungsstellen, anerkannte Pilzberater). Im Zweifelsfall solltest du eine fragliche Art nicht verwenden. Verlag und Autor können für Fehlbestimmungen oder für individuelle Unverträglichkeiten keine Verantwortung übernehmen.

IMPRESSUM

Umschlaggestaltung von Sandra Gramisci, unter Verwendung eines Fotos von Moritz Schmid.
Text auf der vorderen Umschlaginnenseite von Vivian Alterauge, auch erschienen im DB MOBIL Magazin

Unser gesamtes Programm finden Sie unter **kosmos.de**.
Über Neuigkeiten informieren Sie regelmäßig unsere Newsletter, einfach anmelden unter **kosmos.de/newsletter**.

FSC www.fsc.org MIX Papier | Fördert gute Waldnutzung FSC® C110508

ISBN 978 – 3-440 – 17926 – 0
Projektleitung, Redaktion: Heiko Fischer
Gestaltungskonzept und Satz: Sandra Gramisci, München
Produktion: Markus Schärtlein
Druck und Bindung: Westermann Druck, Zwickau
Printed in Germany / Imprimé en Allemagne

Pilze zubereiten

Ein paar Tips dazu

FRISCHE FRUCHTKÖRPER
Egal, ob du selber sammelst oder im Supermarkt oder auf dem Bauernmarkt einkaufst: Achte darauf, dass die Pilze fest und knackig und noch nicht weich sind oder gar schon anfangen zu gammeln. Mach bei Röhrlingen die Druckprobe am Hut: Sollte eine Delle bleiben, wenn du mit einem Finger reindrückst, ist der Pilz nicht mehr zu empfehlen.

SCHLICHT STICHT
Den Eigengeschmack sollte man besonders abfeiern, wenn man einen Pilz zum ersten Mal gefunden hat. Es lohnt sich, ihn für sich alleine stehend zu probieren und zu genießen. Dafür reicht es, die Pilze in Butter anzubraten und mit Salz und Pfeffer zu würzen. (Dazu einfach ein Stück Butterbrot – ein Gedicht!)

DURCHGAREN MUSS SEIN
Die allermeisten Pilze sind roh leider ziemlich schwer bekömmlich, manche sogar leicht giftig – auch die eigentlich essbaren Arten! –, daher sollten sie immer gut durchgegart werden. Je nach Schnittgröße reichen ca. 15 Minuten bei Maximalhitze, so dass alle Stücke auch innen ausreichend durchgegart sind. Je feiner der Pilz geschnitten wurde, desto kürzer. Steinpilze und ein paar wenige andere Arten wie Judasohren, Shiitake oder Trüffeln können auch roh gegessen werden und machen sich hervorragend als fein aufgeschnittenes Carpaccio zu Eigerichten oder als Salatbeilage. Zum heiß Anbraten eignen sich am besten Raps- oder Sonnenblumenöl (verbrennt nicht bei hohen Temperaturen). Immer erst die Pilze braten und nachdem sich eine Röstung gebildet hat und sich die entsprechenden Aromen entfalten, Zwiebeln, Knoblauch und